绿色乐园

——少年植物学家

王敬东　于启斋\著

山东教育出版社

图书在版编目(CIP)数据

绿色乐园:少年植物学家/王敬东,于启斋著. —济南:山东教育出版社,2015

(少年科学家丛书)

ISBN 978—7—5328—9128—3

Ⅰ.绿... Ⅱ.①王...②于... Ⅲ.①植物学—少年读物 Ⅳ.①Q94—49

中国版本图书馆 CIP 数据核字(2015)第 236554 号

少年科学家丛书

绿色乐园——少年植物学家

王敬东　于启斋　著

主　　管:山东出版传媒股份有限公司
出 版 者:山东教育出版社
(济南市纬一路 321 号　邮编:250001)
电　　话:(0531)82092664　传真:(0531)82092625
网　　址:www.sjs.com.cn
发 行 者:山东教育出版社
印　　刷:济南继东彩艺印刷有限公司
版　　次:2016 年 4 月第 1 版第 1 次印刷
规　　格:880mm×1230mm　32 开本
印　　张:6.25 印张
字　　数:110 千字
书　　号:ISBN 978—7—5328—9128—3
定　　价:18.00 元

(如印装质量有问题,请与印刷厂联系调换)
电话:0531—87160055

王敬东，汉族，著名科普作家，1933年12月出生于山东省海阳县，大学本科学历，高级讲师，特级教师。1952年参加教育工作，任中学教师40余年，业余从事科普创作。1963年，由少年儿童出版社出版第一部科普读物《蜜蜂的故事》，继而参加了《十万个为什么》和《少年百科知识辞典》编写工作。40多年来出版了100多本科普作品。主要作品有《蜜蜂的故事》、《田园卫士》、《荧光闪闪》、《奥秘揭开之后》、《绿叶之谜》、《动物世界》等，计800多万字。其作品多次获国家级和省级奖励。1982年加入中国科普作家协会，并任理事，同时任山东省科普作家协会理事长。1990年5月，在中国科普作家协会第三次代表大会上被授予“建国以来科普创作成绩突出的科普作家”称号。

于启斋，汉族，科普作家，1957年出生于山东省莱阳市，大学本科学历，中学高级教师，山东省科普作家协会会员。在紧张的教学之余从事科普创作。主要著作有《有趣的动物故事》、《生命世界探秘丛书》、《少年智慧画库》、《绿色革命》、《现代气象探秘》和《高新技术画丛》、《高科技展望丛书》、《绿色快餐丛书》、《中国人的智慧丛书》、《生活中的500个错与对》、《中小学生科技展望丛书》、《透视伪科学丛书》、《聪明的中国人》、《中小学生科技创新系列》，并参编《新世纪十万个为什么·植物分册》，累计出版（含参编）80多本科普读物。其中，《有趣的动物故事》获第二届全国优秀少年儿童读物三等奖，《少年智慧画库》获山东省优秀图书奖。作者的名字被收录《中国当代科技专家大典》（第3卷）。

《绿色乐园——少年植物学家》描写的5位少年植物爱好者，勇于探索，乐于实践，敢于创新，大胆动手，通过实验探究植物王国的秘密，揭示了许多植物有趣的现象，极大地激发了他们探究植物的热情。本书用轻快的笔触刻画了5个少年鲜活、独特的个性，以大量的传说、趣闻丰富了内涵，从而增强了可读性。全书渗透热爱自然的美好感情。

面对21世纪对人才的挑战，众多中小学生特别重视自身综合素质的提高，所以，注重观察、实验，不断提高动手能力、创新能力，成为人们关注的焦点。然而，如何实施、怎样去做却没有固定的模式和章法。究竟路在何方？不少人感到迷惘。

《绿色乐园——少年植物学家》一书给了这一热门话题一个侧面的回答。她以崭新的面貌、别开生面的形式、鲜活的主人翁形象展现在大家面前。

在我们周围，有许许多多植物，蕴藏着许多奥秘。不知你是否观察过、提出过“为什么”并亲自动手做过实验加以验证？

本书的主人翁——少年植物学家们，以植物为研究对象，以动手实验为手段，为我们描绘了一个个绚丽多姿、妙趣横生的画面。他们进行的诸多实验让人大开眼界、增长见识，诱导你步入科学实验的殿堂。

本书涉及范围广泛，从不同角度展现了少年植物学家们敢于思索、敢于创新、敢于标新立异的精神。大量的传说、趣闻故事增强了本书的可读性。

愿你读完本书后有所回味并获得启迪。

目录

1 少年植物学家小组成立

7月中旬的一天，天气晴朗，各种各样的花儿迎着晨露绽开，蝴蝶在花丛中起舞，知了在高树上鸣唱，一派生机勃勃的景象。在宽敞明亮的初一四班教室里，李娇等5个欢乐活泼的学生，围绕在生物教师杨老师身边，个个喜上眉梢。

原来，这5位学生想利用暑假成立一个考察小组，到野外考察植物。杨老师是一位考察探险爱好者，认为这几位同学精神可嘉，所以给予他们以热情的支持。

按原来的计划，他们要成立一个“少年植物学家小组”。吴强在黑板上写了几个正楷大字：

少年植物学家小组成立！

杨老师说：“同学们，我宣布少年植物学家小组正式成立！”随即响起了热烈的掌声。被同学们称为“刀嘴李”的李娇竟高兴得跳了起来。

“下面宣读少年植物学家小组章程。”杨老师满脸堆

笑地说，“首先，自愿参加。参加者要有探索精神，大胆参与活动，考察植物的形态结构和生活习性，培养动手和实验能力，从而提高整体素质，为将来成为真正的植物学家打下基础!”

“噢——，噢——”同学们顿时欢呼起来。

小组成员档案：

于聪：因为他身体较胖，同学们称他为“胖子于”。有点儿书生气，做事认真扎实。

王柯：敢说敢干，具有创新意识，什么事都想探究一番，只是身体有点儿瘦，同学们称他为“瘦子王”。

李娇：一位阳光少女，是班里的“开心果”，心直口快，乐于助人，向往探险。她的雅号为“刀嘴李”。

张兰：不善于言谈，但动手能力强，干事麻利，素有“快手张”之称。

吴强：少年植物学家小组组长。凡事爱动脑筋，喜欢出谋划策，颇有文学天赋，同学们称他为“智星吴”。

经过商议，大家计划第二天到昆嵛山国家自然保护区考察。

② 在大巴士上

第二天拂晓，少年植物学家们被定时钟惊醒。5点整起床，洗漱、吃饭，5：50到长途汽车站乘车。

5：50，大巴车准点开出，向着昆嵛山飞驰。车厢里欢声笑语，少年植物学家们兴奋得像飞出笼的小鸟，叽叽喳喳说个不停。一排排绿树，一片片田野，一条条小河，在窗口闪过，让久住城市的孩子们欣喜若狂。“这里的风景真好！”“大自然太美啦！”伙伴们大发感叹。

“喂，大家别光顾激动了，咱们猜猜谜语吧，最好是有关植物的。”刀嘴李端来“开心果”。

刀嘴李的爷爷、奶奶都住在农村，去年暑假她回到老家，特意带回一箱特产——莱阳梨，分给每个同学品尝。那地道的莱阳梨甘甜、爽口、无渣，真让人吃得过瘾。

这时，智星吴说：“看来你在老家增长了不少见识。我出个植物谜语，你来猜怎么样？”

“猜就猜！”刀嘴李毫不示弱。

“你听好了：

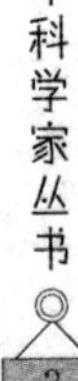

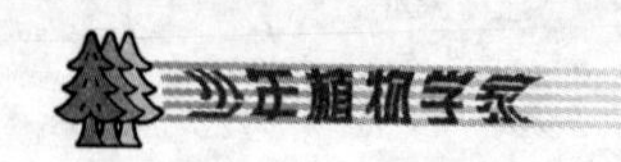

头大尾细，长在腰里；若要吃它，抽筋剥皮。”

刀嘴李略一思考便说道：“小小谜语，怎能难住我呢！我出一个谜语，其谜底也是你说的谜语的谜底。听好了——

奇怪奇怪真奇怪，
头顶长出胡子来；
解开衣服看一看，
颗颗珍珠露出来。”

“哈哈！”胖子于大笑起来，“原来你们说的是这种植物呀！你们听好了：

头上戴着红缨帽，
身穿衣服好多套；
无数珍珠怀中藏，
不脱衣服难看到。”

瘦子王再也憋不住了，他说：“我再说一个谜语，也是同一个谜底。你们听好啰：

一个老头穿黄袍，

脱了黄袍一身毛；

拔去长毛，一身疙瘩，

咬去疙瘩，一身疮疤。”

这时，不善于言谈的快手张早已知道了谜底，站起来对大家说：“你们的谜语绕来绕去，不就是绕着玉米做文章吗！”

这时，智星吴站起来说：“大家既然对谜语有兴趣，我说一个谜语故事，如何？”

“好——，快快讲来！”大家齐声响应。

“那就献丑啦！”智星吴坐下来说，“从前，有十几名举人同路进京赶考。由于天气炎热，个个口干舌燥。走着走着，他们来到一片杏林中，就想买些杏儿解渴。管杏林的老农笑着说：‘吃我的杏儿得有个条件。我出一个字谜你们猜，若能猜出，任吃任拿，分文不取。’

“‘猜个字谜有何难处？’举人们个个来了精神，催促老农快出谜面。老农不慌不忙地说：

四个‘不’字颠倒颠，

四个‘八’字紧相连，

四个‘人’字不相见，

一个‘十’字站中间。’

“举子们听了，全都傻了眼。你瞅瞅我，我看看你，谁也答不出来。

“这时，走来一个牧童，轻蔑地一笑说：‘这么多举人，竟连这么简单的字也猜不出来！嘿嘿，你们再听着：

上看像‘不’，下看像‘不’，
不是不上，就是不下。’

“话音刚落，一个过路老汉抢着说：

‘此物世上不算少，
没有此物不得了；
此君活到八十八，
还是人人都需要。’

“老农听了，连声说道：‘对，对，你们两位猜得都对！’他转而向举人一摆手，对举人们说：‘我看你们不必进京赶考了，还是回家去吧，把盘缠省下来，还能给家里孩子买糖吃呢！’

“大家猜一猜，老农、牧童和过路老汉他们出的谜语是什么？”

“好个智星吴，”刀嘴李用手指着他说，“你刚才所说

的谜语故事，不就是我们上面所猜的谜中的一个字吗？”

“他们 3 个人的谜底都是个‘米’字，对吗？”胖子于头脑灵活，立即猜出了谜底。

“智星吴，对吧？”大家一齐问他。

“唉，他怎么没有声音了呢？”刀嘴李问。

原来，大巴士到了目的地，智星吴已抢先下了车。

大家纷纷跳下车，扑向大自然的怀抱。

3 登昆嵛山

先下车的智星吴，也不管车上的行李，下车后一直向前跑。

刀嘴李急忙把行李放好，对智星吴大声喊道："快停下，注意统一行动！"她见智星吴没有停下，又喊道："要穿上高筒水鞋，带上木棍，免得被蛇咬伤！"智星吴听到这话立即停了下来，因为他最害怕蛇，于是，只好乖乖地往回返。

在少年植物学家第一次大会上，杨老师布置去昆嵛山度夏令营时说："为了确保安全，要求大家穿高筒水鞋，并用木棍在前面试路，这叫'打草惊蛇'，让蛇跑掉。"

少年植物学家们把行李放在养鹿场，一块儿向主峰泰礴顶攀登。

别看瘦子王身体瘦，但他体质好，一直走在前头。他对后面的智星吴喊道："怎么，平时那么多智谋，爬山竟没了章程？""我怎么会和你计较爬山呢？这拼的是体力，不是智力！"智星吴心服口不服地说。

“我的妈呀！我真走不动啦！”胖子于因身体胖，气喘吁吁地说。

“真没出息，还不如女同胞！”刀嘴李向他提出了挑战。

“你等着，看我怎么超过你！”胖子于说着，又憋足劲向上攀登起来。

瘦子王登上山顶，站在石头上向大家喊道：“喂，大家加油啊！胜利就在前头！”

不一会儿，大家都已登上主峰。虽然个个大汗淋漓，但大家格外高兴。他们从来没有爬过这么高的山。

绵延150多千米的昆嵛山脉，横亘在胶东半岛，西起莱阳市境，东北止荣成市成山角，像一幅锦缎帷幕，隔开了海滨如画的风光。登上昆嵛山海拔923米的最高峰——泰礴顶，举目远眺，峰峦叠翠古树参天，奇石遍布，不愧“仙山之祖”的美誉。山上的植被十分茂盛，遍布乔木、灌木和草本植物，还有各种地衣、苔藓、蕨类植物以及许多名贵植物。这一绿的世界，令人心旷神怡。

大家在山顶上拍了照片，玩了一会儿，智星吴提醒说：“我们该下山了，下山时，要‘顺手牵羊’，采一些有价值的植物标本！”他环视一周，说：“不知大家还记不记得采集植物标本的要求啦？”“这有什么难的。”刀嘴李说，“尽量采带根的全株。如果采集乔木、灌木或高大的草本植物，要采集具有代表性的叶、花、果的枝条。智星吴，我说得对吧！不是‘鲁班门前弄大斧’吧？”

“多谢夸奖，鄙人怎么敢同鲁班相提并论呢？”智星吴文绉绉地说。

他们在下山的路上，一边斗嘴，一边采集植物。回到宿营地时，每人采了一小捆。

一直没说几句话的快手张开始发话了：“大家把采集的植物拿过来，我们要进行腊叶标本制作。先进行第一步整理。”说着，他在带来的标本夹上铺上一张报纸，“其要领是把枝、叶、花展平，叶子要正面和反面都有。这样便于观察，对吧？”

“你是有名的巧手，怎有不对之理。”智星吴说，“长的标本折成‘V’形或‘N’形，并注意换纸，最后上台纸。我说得远不如你的手快吧？快手张。”说完，扮了一个鬼脸。

“哈哈哈！”大家被逗乐了。

“去去去！制作腊叶标本的事我包了，今后不准你胡乱插嘴、过问此事，懂吗？”快手张生怕别人抢去这个差事似的。

“那就多谢了！”智星吴说完，同伙伴们向森林氧吧奔去。

4 迷 路

这天，少年植物学家们来到一片不小的树林地带考察。

智星吴对大家说："为了保护植物资源，我们学校标本室里已有的植物标本就不要采了，碰到没有的标本再采。"

"对呀，这样还能减少我们考察中的负担呢，免得被标本所累。"刀嘴李附和着说。

"你们说，制作植物标本有什么用呀？"快手张不紧不慢地提出问题。

标本作为初中生都接触过，但为什么要制作标本，许多人就没有很好地想过。这不，快手张问题一提出，大家一时语塞，连刀嘴李也缄口无言。

"这个问题，我研究过。"智星吴说，"因为植物标本是植物分类学家必不可少的研究材料。世界上那么多植物，又分布在不同的地区，要理出家谱、进行分类，没有标本是很难做到的。另外，植物标本是进行植物教学的活教材。利用收集到的植物标本，可以使学生在同一个时间内，认识天南海北的植物，这是野外考察办不到的。还有，植物标本是研究植物分布和变化的珍贵档案，也是鉴定植物的可靠依据。利用植物治病，从植物中提取工业原料，都必须首先对植物进行鉴定。可见制作植物标本的重要性。”

“这么说来，我们要很好地采集植物标本喽。”刀嘴李说。

“对，我们还要记下采集地点、日期和科、属、种及海拔高度。一时搞不清的可以查资料。”快手张说。

他们边说边走边采集，不知不觉已走了3个小时，每个人的采集箱都装满了。他们找到一块平整的山石，把标本放入标本夹内压好。

瘦子王十分活跃，不停地东寻西找。忽然，他像发现了新大陆似的喊道：“快看！我找到了一棵九死还魂草。”刀嘴李和快手张飞快地跑去一看：“说得真邪乎，九死还魂草？不就是书上讲的卷柏吗？”瘦子王又说：“卷柏在石缝中生活，久旱无雨时，它就卷成一团，乍一看像死了，可一下雨它又活了，一年中反复几次，死死活活，所以称它为‘九死还魂草’还真贴切呢。”

“卷柏的生命力可真强啊!”胖子于赞叹道。

“是啊，卷柏的祖先长期生活在干旱的岩石缝里，形成了体内含水量极低也能存活的特点。即使含水量降至

5%以下，它依然可以活着，难怪它有极强的生命力。”智星吴解释道。

走着走着，他们来到一块林中空地。跑在前头的胖子于喊道：“快来看！这里的蘑菇很奇怪，都围成了圆圈。”大家急忙跑过来一看，这些野蘑菇果然排列得十分规则，好像是艺术家精心设计的图案，又仿佛众多舞蹈演员在跳伞舞，十分有趣。

“这是怎么回事呢?”刀嘴李好奇地问。

“这是仙女环!”智星吴说。

“怎么说是仙女环呢?”快手张问。

“我给大家讲一个故事吧。”智星吴说，“从前，沙漠里的蝎子精吃腻了大鱼大肉，想换换口味尝尝鲜美的蘑菇。于是，蝎子精派出爪牙把所有的蘑菇仙子都抓来，逼迫她们生产蘑菇并威胁说：‘如若不从，就把你们杀个精光。’显然硬拼是不行的，得想个妙计来对付蝎子精。蘑菇仙子们商量一阵后，满口答应制作蘑菇。几天之后，她们给蝎子精送去了一大筐颜色鲜艳、个头特大的新鲜蘑菇。蝎子精见后眉开眼笑，下令放了她们，自己则迫不及待地狼吞虎咽起来。没料到午夜时分他忽然感到腹疼难忍，不一会儿便一命呜呼了。蘑菇仙子们听到蘑菇毒死蝎子精的喜讯，兴高采烈相继来到山林空地上，手拉手围成一圈跳起舞来，一直跳到日上三竿才返回住地。

后来，凡是蘑菇仙子们跳舞踩过的地方，雨后便会冒出一圈蘑菇来。因此，有人把这些蘑菇圈叫做‘仙女环’。”

“这是一个神话故事，”刀嘴李说，“但事实真相又该怎么解释呢?”

“这主要与蘑菇菌落的自然分布有关。”智星吴解释说，“一般情况下，在草地中埋藏着这类蘑菇的‘种子’——孢子。孢子的萌发需要一定的温度和湿度等外界条件。起初，孢子在适宜的条件下萌发，长出菌丝体，这些菌丝体在某个点上生长，后来便沿着地面向四周均匀地扩散开来。在生长过蘑菇的土壤中，由于某些有利于蘑菇生长的养分被蘑菇的菌丝所吸收，所以，下一代的蘑菇就不会在那里生长了。由于蘑菇的菌盖是圆的，它背面的菌褶孢子成熟后，在无风的条件下也按圆形散落，于是，便呈现圆形向外扩散、蔓延的现象，形成了所谓的‘蘑菇环’。这种‘环’还会不断地向外扩展，只是蘑菇的品种不同，环的扩展速度也会不同。据说，在人迹罕至的草原上，这种蘑菇的环龄可以达 600 年之久，环的直径可达数百米。目前，已知可以形成蘑菇环的蘑菇有 60 多种，它们大多生长在辽阔的草原上。”

“呵！这个‘仙女环’还真有意思哩!”瘦子王被神话故事吸引住了。

“不妙！太阳落山了，赶快回去吧！”智星吴看天色暗淡下来，连忙说道。

大家急忙背起标本和采集箱往回走。走了一段时间，越看越不像走过的路。“不好，我们迷路了！”胖子于用手指着前面的一棵树说：“我们刚才不是从那棵树前路过的吗？我折断的小树枝还在那里呢！”

一听说迷路了，少年植物学家们慌了神。森林里有野兽出没，他们没有带任何防御工具，所带吃的喝的也不多。

“妈呀，这可怎么办呢？”刀嘴李带着哭腔说。

“哎呀，怎样才能走出这块林地呢？”快手张也为难起来。

“越在这种情况下，大家越不要慌，要保持清醒的头脑，否则，盲目乱走，就可能离目标越来越远。”智星吴十分镇静地对大家说，“我们已经转起圈子来，这说明已经迷路了，现在我们必须确定好方向再走。”

这时，树林里已经暗了下来。一只野兔从他们身边蹿过，大家都吓了一跳。猫头鹰发出“咕——咕——喵”的叫声，令人不寒而栗。

“我们没带指南针，如何确定方向呢？”刀嘴李没了章程，失去了昔日伶牙俐齿的劲儿。

“可以根据北斗星来判断方向！”瘦子王说。

“今天有雾，从哪里找北斗星呢？”快手张说，“说话不动脑筋，信口开河。”

“唉，我们不是身处林地吗？可以根据植物来判断方向啊。”智星吴说，“我们不是看过一本《科技小自救》吗？上面介绍了许多迷路时判断方向的方法。我们只要判断出南和北两个方向就可以了。”

“对呀，你不说我还倒忘了呢！”刀嘴李来了精神，“大树的树皮有方向标志。由于光照的缘故，树皮南边比北边光亮、平滑，弹性强些。再者，树干长有苔藓，北边的总比南边的多，尤其在树根附近更为明显。”刀嘴李一边说着，一边观察起来。

“从树叶看，稠密的一面是南，稀疏的一面是北。”快手张说着，观察起树叶来。

“从果实看，较多的一面是南，较少的一面是北。”瘦子王献策说，“你们看，在我们眼前不就有一棵小野果树吗？”

“别瞎乐啦！赶快辨别方向吧！”智星吴严肃地说。“对，这个方向是南。”他根据树干辨别出了方向，并用手指给大家看。

“走！快跟上。”智星吴下令。

智星吴走在前头，大家紧跟其后，走一段路再观察一下，终于走出了林地，到达了宿营地。

“哎，这可真是一次不大不小的惊险啊！”刀嘴李感叹道。

“是啊。”智星吴颇有同感地说。

5 “啃”石头的根

学校拆了一排旧房子，挖出了墙基，砖头、石块堆了一堆。这天，胖子于和瘦子王路过这里。突然，胖子于发现了几块砖头和石块上布满了植物的根，便蹲下来刮去浮土，根的痕迹清清楚楚地刻在石块、砖头上，形成一条条凹纹。“嗳，植物的根怎么会啃石头呢?”胖子于好奇地问。

“我们做个实验来证明这个问题，如何?”瘦子王想到了点子上，“做个根啃石头的实验最能说明问题。”

他们找来两块磨光的大理石，一块白色，一块黑色。他们将白的用木炭涂黑，把黑的用粉笔涂白，分别放在花盆底部，里面装满干净的砂石，在砂石中种上几棵豌豆并开始浇水。过了几天，胖子于高兴地对瘦子王说：“我查到了一个植物营养液的配方：

硝酸钙 0.25 克，磷酸钾 0.15 克，氯化钾 0.10克，硫酸镁0.10克，磷酸铁0.05克，水 100 毫升。

“将以上这些物质溶于100毫升水中，营养液就配制成了。为了促使实验成功，我们可以把硝酸钙换成硝酸铵，让营养液缺钙，效果会更明显。”

“太好了，我们可以请杨老师到生物实验室配齐这些药品。”瘦子王高兴地说。

就这样，他们用植物营养液小心地浇这两盆豌豆苗，不久豌豆苗逐渐长大了。

3个月后，他们把大理石从花盆里取出来，清楚地看到石头上面有许多被根“啃”的网状痕迹。白色大理石被侵蚀的地方呈现黑色纹路，黑色大理石被侵蚀的地方呈现白色纹路。这是植物“嘴巴”啃出来的。

“植物怎么会啃石头呢?”瘦子王问。“这个问题，我查过有关资料。”胖子于说，“植物在生长发育过程中，要吸收各种元素，如氮、磷、钾、钙等。如果土壤中缺少了某种营养元素，而刚巧在它附近又有含这种元素的石头，这时植物就会用自己的根把这块石头包围起来吸收所需要的营养。我们配制的营养液缺钙，而大理石含钙，所以根就‘啃’起大理石中的钙来。”

“那么，根‘啃’石头靠什么法宝呢?”瘦子王又问。

“道理是这样的。植物根部在呼吸时放出的二氧化碳，遇到水便会形成碳酸。此外，根部还能分泌柠檬酸、苹果酸、葡萄糖酸等有机酸。这些酸都具有溶解矿物质的能力。植物就靠这些法宝来溶解岩石，并获取所需要的营养。”

“地衣能生活在光秃秃的岩石上，和根‘啃’石头的道理一样。”瘦子王受到启发，“地衣能分泌‘地衣酸’来腐蚀岩石，能生活在恶劣的环境中，这对形成土壤有巨大的作用，所以地衣被人们誉为植物界的拓荒先锋。”

胖子于说：“像我们上面的实验，还可以用长石、云母等来代替，只要在营养液中补充岩石中没有的元素就行。这样，都能比较明显地看到根‘啃’石头的痕迹来。”

6 平息纠纷

在杨老师指导下，少年植物学家们决定进行一次野菜采集与识别活动，目的是回归大自然的怀抱，强化环境意识。

“野菜是未经人工栽培的蔬菜。”刀嘴李说，“我国野菜种类多，分布广，贮量丰富，具有较高的营养价值，且无污染、风味独特，堪称绿色食品，越来越受到人们的青睐。因此，我们认识野菜非常必要。”刀嘴李喜欢吃野菜，因而谈锋甚健。

“嗨！我们借这次机会，又可以亲近大自然了！”快手张愉快地说。

这天，他们迎着朝霞，唱着欢快的歌儿来到郊外，个个欢快得像小鸟，叽叽喳喳说个不停。

“瘦子王，难道你吃饭受到限制才如此瘦吗？”刀嘴李取笑说。

“天天闷在教室里，这不是在惩罚我们吗？”瘦子王反驳说。

“得了吧！瘦子王，我们在学习之余搞些实验、做些研究，惬意得很呢！”快手张说，“这要比起其他一些学校围绕分数转、做分数的奴隶，不知要强多少倍。你别身在福中不知福，有些学校的同学还没有这个福气呢！”

大家一边采集野菜，一边海阔天空地交谈着。不知不觉快到中午了，天气热起来，口也渴了。

“同学们，这儿离我姨妈家很近，走！到我姨妈家去休息会儿，喝点儿水。”瘦子王建议道。

“走！我们喝点儿水去！”大家都同意，一同向瘦子王姨妈家走去。

走到村头，只见一帮人正在争论。出于好奇，少年植物学家们走过去看个究竟。

“唉！那不是我姨妈在和人家争论吗？”瘦子王不顾一切地冲过去，对姨妈说：“姨妈，看把你气得，有事你慢慢说不行吗？别气坏了身子。”

“孩子，你说我能不生气吗？”姨妈气愤地说，“这树明明是我们家的，他非说是他家的。”

“姨妈，你把这件事慢慢地说给我们听听，有理不在声高，无理寸步难行。我们这么多同学都在这里，会主持公道的，不妨让我们评评理，怎么样？”

“同学们，我真不好意思。”瘦子王姨妈说，“是这么一回事。我家和邻居共走一条路，路边有 10 棵刺槐树。尽管我们都没给它浇水施肥，但它抗干旱耐瘠薄，长得很快，现在能派用场了。按照房前屋后谁栽谁所有的政策，树应该属于栽树人所有。谁知，前几天邻居说，这树是他在20年前盖完新房后栽的。我说：‘这些树是俺家在13年前盖新房后栽的。’为此，我们两家争论不休，邻居说这树是他家栽的，我说这树是俺家栽的。孩子，你说，这么长时间了，都拿不出证据来，又都不服气，就到村中调解员那里去处理。调解来调解去，最终因为没有证据，调解员只好说每家5棵，他家还不服。我们争论了几天，也没有结果。昨天晚上，我干脆来个一不做，二不休，先下手为强，就把这10棵树全锯倒了，搬到了家里。这不，邻居非嚷着要这10棵树不可，还扬言明天要到法庭和我打官司。”

“姨妈，你可别生气啊！”瘦子王安慰起姨妈来，“锯树，这就是你的不对啦，解决之前你不应该锯树。如果邻居先下手为强，那你该怎么办呢？俗话说：‘一千买产，八百买邻。’邻居低头不见抬头见，应与邻为善才好。”

“姨妈，走，我们看看树墩去！”瘦子王蹲下来仔细地观察，数了数，他心里有数了，就对姨妈说：“这树墩已留下了证据。”

“孩子，哪来的证据呢？”姨妈不解地问。

“年轮就是证据。”瘦子王指着树墩说，“可以数一数树木的年轮。树木在生长过程中，一年形成一个圆环，这就是树木的年轮。你们数一数，正好20圈，证明这些树已生长了20年。那边几棵树生长了7年后年轮变窄，”瘦子王看了姨妈一眼，继续说，“据此分析，那是在13年前你盖房拉料时将树碰伤，影响了树的正常生长造成的。”

围观的人涌向树墩，一个一个地数起年轮来。“对呀，我数了数，这些树墩上的年轮都是20圈，也就是生长20年了。”刀嘴李说。

姨妈已不再神气也不那么气愤了，喃喃地说：“这是真的吗？难道我错了？”

瘦子王说：“姨妈，你数一数年轮，是20圈，也就是说它已生长了20年，你说13年前栽的，显然不对。你应该把树还给邻居，树是他家栽的。”

“那怎么能行？”姨妈不高兴地说，“我锯树费了多大的力气啊！”

“姨妈，树不是你的，锯树本身就是错误的，你还是应该给人家。既然不是你的，你也就不应该要啦！邻居不追究你伐树的责任，就是原谅了你。姨妈你知道不，树即便是你的也不能随便砍伐，要经过林业部门批准才行。”

姨妈不好意思起来，说：“我怎么好意思给人家送去呀!”

“这好办，姨妈，我们几个同学去送!”瘦子王说，“走！大家帮我姨妈把树送到邻居家去!”

邻居见砍树问题竟被几个少年圆满地解决了，十分感动，便说：“这么办吧！树每家5棵，好不好?”

姨妈听后，不好意思地说：“他大叔，这树全给你，我一棵也不要。都是我不好，把你家的树错伐了。这么多年，我也记错了，就请你原谅吧。”

“也不全怨你，当时我说的话也急了点儿。”邻居说，“咱两家还是和好如初吧!”

“对，对。”姨妈连连说。

7 茎向哪方绕

不知大家是否记得中央电视台《东方时空》栏目的片头：丹顶鹤缓慢起舞，麦苗飞速生长，一株野草的柔茎沿着树干左摇右摆奋力向上缠绕，显示出万物争分夺秒奋发向上的景象。

这天，刀嘴李和快手张来到学校植物园，刺槐树上缠绕着许多牵牛花，开着红色、白色、蓝色的花儿，十分好看。正是：

牵藤藤，上篱笆，藤藤花开像喇叭；
红喇叭，白喇叭，太阳出来美如画。

“唉，这牵牛花多么漂亮呀。”刀嘴李闻了闻说，“花儿好看，却不香。”

“这牵牛花的茎缠绕在树上，多么有规律啊！”快手张注意到它的茎。

“为了观察牵牛花的爬高能力，我们做个实验如何？”快手张征求刀嘴李的意见。

中午时分，快手张选了一棵牵牛花的幼苗，在旁边插上一根竹竿，等到下午3点多钟，它已经把茎的前端缠绕在竹竿上了，两天长了1尺长；而另一棵没有插竿的牵牛花，老是低着头，同样是两天时间，长了不到半尺。

刀嘴李也做了一个实验：把牵牛花的一条长茎绑在竹竿上，只露出最上头一小段。这一小段茎本来是直立向上生长的，过了三四个小时，情况变了。“怎么，原来直立向上的茎变得弯曲起来，竟形成了‘旋转运动’——右旋！看来，它的爬藤能力就是这样产生的。”快手张把牵牛花的茎从竹竿上解下来，重新反向缠绕在竹竿上，用透明胶带固定起来。两天后，快手张和刀嘴李再去观察，结果，牵牛花很不听话，还是向右转。

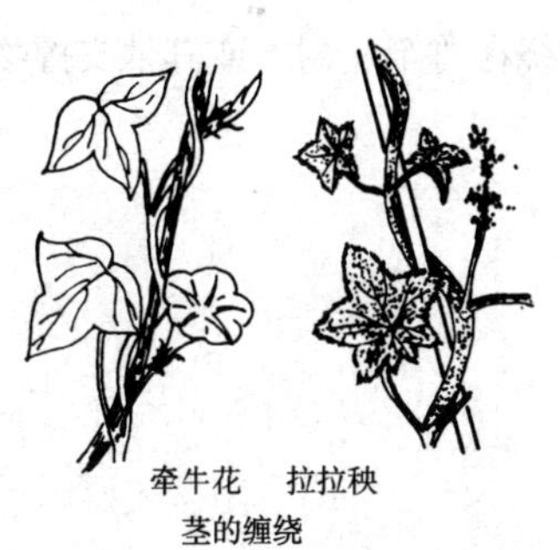

牵牛花　拉拉秧

茎的缠绕

“可见，牵牛花的爬藤习性是不能改变的。”刀嘴李说。

“是啊，这几天我观察了几种植物，什么牵牛花呀，菜豆呀，拉拉秧（葎草）呀，每一种植物向上缠绕的方向是一定的，这是由遗传因素决定的。不同植物向上缠绕的方向又是不同的，比如牵牛花是右旋的，而拉拉秧却是左旋的。”

“牵牛花为什么会缠绕生长呢?”刀嘴李问。

“这个问题我也想过，带着这个问题查找了有关书籍，终于找到了答案。”快手张说，“原来，植物生长过程中能产生生长素。这是一种植物激素，它能加速植物细胞的生长，但生长素的脾气比较怪，浓度过高时，反而会抑制细胞生长。牵牛花依靠改变体内生长素分泌的多少，造成茎的两侧生长速度不一致。由于一侧生长速度较快而另一侧生长速度较慢，于是茎便旋转着向上爬，就很自然地缠绕在竹竿、树木或其他支撑物上了。”

8 植物的向性运动

在少年植物学家小组会上，智星吴说："不知大家仔细观察过没有，当一粒种子萌发以后，它长出的幼根总是向下生长的，它的幼茎总是向上生长的。如果你来个根茎上下颠倒，茎还是要向上长，根还是向下生长；如把萌发种子的幼根和幼茎都处于水平状态，几小时后，你会发现根会向下弯，茎会向上弯。"

"你说的情况和我的实验很类似。"胖子于说，"我发现了这个问题后，感到十分好奇，就用花盆做起实验来。我把一盆菊花横放着，将另一盆菊花用砖头在两边支起来倒放着，几天后我发现，横放的菊花和倒放的菊花都向上生长起来。"

植物的茎向上生长

"这就是说，植物有独立自主的运动能力。它的运动受着地心引力的影响，一般情况下，根总是向下生长的，茎总是向上生长的。”刀嘴李分析得十分透彻。

“那么，没有地心力，植物又会怎样生长呢?”瘦子王问。

“19 世纪的时候，科学家纳依脱做了一个有趣的试验。”快手张说，“他把几株不同植物的幼苗放在一个车轮的螺丝孔里，然后使车轮围绕着轴不停地转动。车轮转动便产生了离心力。当离心力的大小和地心引力相等的时候，植物便按离心力的方向生长了，根向外伸，茎向里长。在宇宙空间里，植物在失重的情况下根会长得七弯八歪、不成样子。为了使植物有秩序地生长，要在土壤里补充钙，使其产生重力。

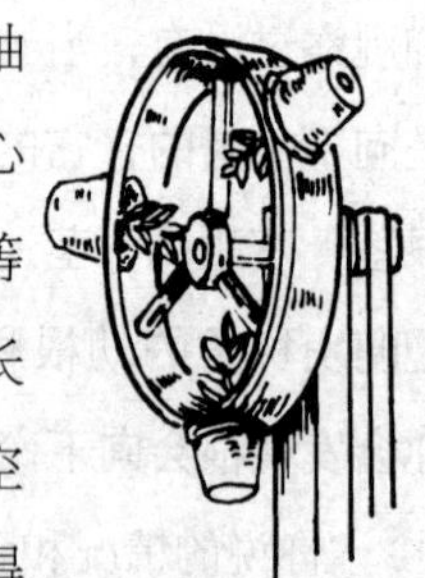

纳依脱的试验

实际上，植物受地心引力的影响而决定其生长的方向，叫做植物的向地性，或叫向地性运动。根向着地心引力方向生长，叫正向地性运动；茎向着地心引力相反的方向生长，叫负向地性运动。”

“既然植物的生长要受地心引力的影响，为什么只是根向下生长而茎又背向地心呢?”瘦子王又提出了问题。

“植物体内有一种叫生长素的物质，它能刺激植物细胞的生长。”快手张解释起来，“不过，植物的根和茎对生长素的反应不一样，根只需一点点儿生长素就能促进生长，多了反而会抑制生长；相比而言，茎就需要较多的生长素才能促进生长。再者生长素在植物体内能够流动，当把幼苗平放着的时候，由于地心引力的作用，生长素集中在下侧多，于是下侧长得快，上侧长得慢，茎必然向上变曲。根的下侧生长素多，生长情况正好与茎相反，它的下侧长得慢，而上侧长得快，根就向下弯曲了。正是由于生长素这种特点，就使植物的根永远向下生长，并能深入土壤中吸收水分和无机盐，满足植物生长的需要；茎向上生长，可以把叶子舒展开来，接受更多的阳光，进行光合作用，制造更多的淀粉。”

“植物的生长运动，不仅受地心引力的影响，还受光线的影响。”智星吴说，“假如我们在一个山洞里游玩，突然熄了灯，周围一片漆黑。这时如果洞口射进来的光隐约可见的话，那么，不论多么艰难，我们一定能朝着光亮的地方慢慢走过去，最后到达洞口。你们相信吗?植物也有这个本领，如同长了眼睛一般。”

“呵！你在说童话故事吧！植物怎么会长眼睛呢?”刀嘴李发问道。

“当然，植物不能长眼睛。”智星吴解释起来，“我是说植物像长有眼睛似的向有光源的地方生长。”

“哦，这个我倒没太注意。”刀嘴李说。

“实际上，植物向光生长现象是生物进化论的鼻祖达尔文发现的。”智星吴说。

“他是怎样发现的呢？你说给我们听听。”快手张一听就来了兴趣。

“那是1880年，在英国一座普通的别墅内，”智星吴说，“一个小伙子惊呼起来，兴奋之情不亚于哥伦布发现了新大陆。”

“‘爸爸，快来看呀，草籽发芽了！’

“‘草籽发芽有什么可大惊小怪的。’一位鬓发雪白的老人边答应着边从里屋走出来，他知道儿子指的是几天前喂鸟时掉落在墙角处的草籽。

“‘你瞧，这些草籽怪不怪，长出的幼芽全是弯曲的，而且好像是商量好似的，都朝窗口处弯曲。’小伙子说。

“这位老人就是大名鼎鼎的生物学家达尔文，他凑近仔细一看，嫩草芽如同喊着‘向窗看齐’一样，都向着窗口有光处弯曲着。他觉得十分奇怪，心想：‘这些生长的草芽弯向光源，是偶尔发生的呢，还是必然如此啊？’他想做个试验。

“达尔文采来当地常见的一种叫金丝藕草的单子叶植

物的种子，放在一只盘子里，洒上一点儿水，用黑色纸盒罩住。几天后，他拿起纸盒，看到种子发的幼芽直直地向上挺立着。接着，他在盒壁上穿了一个小孔让光线透进来，重新罩在草芽上。又过了几天拿起纸盒一看，所有的幼芽都弯向开孔有光的一侧，而且弯曲处位于芽尖的下部。后来，达尔文又选了几种植物做类似的发芽试验，结果都是一样的。于是，充满睿智的达尔文明白了：植物的胚芽向光生长具有普遍性。

“这一发现，使达尔文十分兴奋，他想：‘对光敏感的是哪个部位呢？’只有通过试验来寻找答案。他把金丝虉草的顶芽切去，重复上述试验，看到它既不生长也不弯曲。由此他推测：胚芽向光弯曲是其顶芽造成的。

“这一令人激动的发现使达尔文喜出望外，他立即撰写论文并公开发表。让人遗憾的是，科学界对此竟平静得如同一潭死水，没有丝毫反应，直到 30 年后才引起关注。20 世纪 30 年代，科学家才认识到植物的向光性是顶芽产生生长素造成的。”

智星吴接着说：“我们也做一次实验吧。找一只长方形的纸盒子，中间隔一层硬纸板，上面留几厘米空隙。隔板的左侧放一盆已冒芽的盆栽土豆；纸盒子的右侧剪

一个圆洞以进入光线。其间土豆盆内的土壤保持湿润。几个星期后我们再看结果。”(如下图)

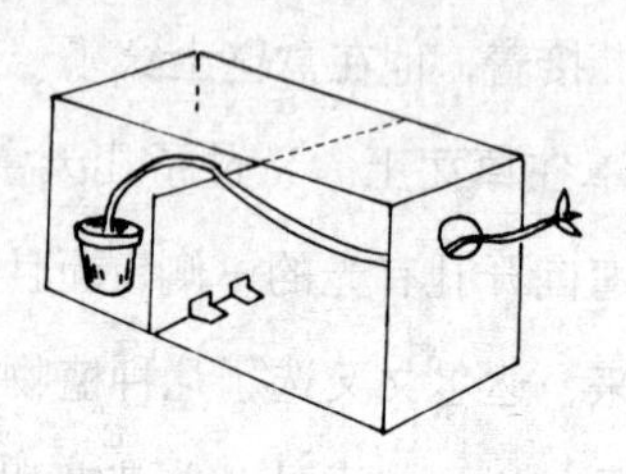

一晃，几个星期过去了。

少年植物学家们来到实验室一看，土豆芽从另一端的圆洞里钻了出来。打开硬纸盒，呵！土豆芽在纸盒里走了一段弯曲的“路”，最后从圆洞里伸出头来，就好像人们在漆黑的山洞里走出洞口一样。

“智星吴，土豆还真像长了眼睛一般，找到了有光亮的洞口。”刀嘴李快言快语地说，“你给大家讲一讲原理吧!”

“这就是说，植物在阳光的影响下，生长是不平衡的。芽背光的一面生长素分布得多，生长就快，芽向光一面生长素分布得少，生长就慢，所以，就会向有光的一侧弯曲。”

植物的向地性、向光性，还有向水性、向肥性（即植物有向水、向肥生长的特性），都是植物的向性运动，也可以叫做植物的生长运动。

9 奇特植物见闻

少年植物学家决定办一期植物专题黑板报，以培养大家对植物学的兴趣。植物界形形色色，光怪陆离，选什么样的内容好呢?

胖子于说："主要介绍植物体的基本结构。"

"内容陈旧，不能唤起大家的兴趣。"刀嘴李快言快语，一票否决。

"办一期植物谜语板报。"快手张说。

"趣味性也不大。"刀嘴李又说。

"我们何不办一期奇特植物黑板报呢?"智星吴说，"主要介绍世界各地非常奇特的植物，尽量选一些有趣味的，我想大家准会感兴趣。"

"对！这个主意好，就这样办!"大家异口同声地说。

"既然大家同意，就开始动手查找资料吧，看谁选得好。"智星吴说。

很快，大家就准备就绪了。

刀嘴李兴致勃勃地说："我查找的植物很有趣。植物同人和动物一样，竟然也会自杀。在毛里求斯岛上，有一种棕榈树，它的寿命达百年，每当末日来临时，它就用整整一天的时间把树叶和花朵全部散落掉，然后干枯而死。因此，人们称它为‘自杀树’。它为什么会‘自杀’呢？使人们百思不得其解。

“有一种树是以自焚方式自杀的。在非洲的赤道地区，生长着一种能自己燃烧的‘自焚树’。在太阳光照射下，这种大树可以在1小时左右，连枝带叶化成一堆灰烬。

“在我国天山山脉中部生长着一种白藓树，像寒梅一样，冬末春初第一个破土、开花，到了夏天正当硕果累累时会突然自焚而亡。

“人们感到十分奇怪，大树为什么会自焚呢？科学家们研究发现，白藓树的叶片中有一种化学物质——醚。夏季干旱炎热，当气温达到它本来较低的燃点时，就会引起自燃，从而使整棵树化为灰烬。这可能也是‘自焚树’自焚的原因吧。”

“我听说这么一个故事。”快手张接着说，“一群初到非洲卢旺达的人，来到艺密达蓝哈德植物园参观，当人们走到一棵7米多高的黑褐色的大树旁时，随着一阵风吹过，他们听到了奇异的‘哈哈’大笑声，却不见发笑的人。人们莫名其妙，便四处寻找，还是不见有人。又一阵风吹过，‘哈哈哈’‘哈哈哈’的大笑声再度响起，

人们竟被笑声感染，也禁不住哈哈大笑起来。

“这时，人们终于明白了，这笑声来自于大树！经过仔细观察，在树的枝丫间长有许多铃铛状的皮果，果壳上布满了斑斑小孔，皮果里面有许多小滚珠似的皮蕊，能在皮果里自由地滚动。当微风吹来时，皮果便迎风摆动，里面的皮蕊不停地撞击果壳，从而发出‘哈哈哈’大笑的声音。这种会笑的树，吸引了大批慕‘笑’而来的顾客，专门前来观赏会‘笑’的大树。”

“非洲喀麦隆有一种握手花。”胖子于说，“当有人触动它的花瓣时，花瓣会立即紧紧收缩起来，将你的手握住，就像一个友好的主人。”

“花儿怎么会握手呢？”刀嘴李问。

“原来握手花的茎部长着激素，使花瓣对外界的刺激很敏感。”胖子于解释说，“当人的手触及花瓣时，可能使花瓣外表面细胞膨胀，花瓣就闭合，从而出现‘握手’动作。当花瓣的内表面细胞壁的酸度升高时，则其细胞膨胀，花瓣就重新张开，握手也就结束了。”

“诸位，爱听故事吗？”瘦子王问。

“当然爱听。”众人说道。

“好吧，那我就给大家讲一个。”瘦子王说，“从前，南亚有一个国家审理过一宗世界上空前绝后的离奇案件：被带到被告席上的不是人，而是一束美丽幽香的鲜花。

这是怎么回事呢？人们一时丈二和尚摸不着头脑。经过审讯，大家才知道，这束美丽鲜花的罪行是放火烧山。”

“笑话！鲜花怎么会放火烧山呢？”快手张问道。

“事情是这样的。”瘦子王说，“在那几年里，南亚的大森林区连续发生几起严重的火灾，当局责成警方迅速缉拿纵火犯。警方竭尽全力苦苦侦察，但很长时间也没抓到罪犯。后来，是化学家拨开迷雾，抓到了‘凶手’，这‘凶手’就是被审讯的这束能自燃的花。”

“这是什么道理呢？”胖子于来了兴趣。

“科学家研究发现，一些植物开花时会产生发热现象，其温度往往比周围温度高，甚至高出 20℃以上。花的呼吸水平高，产生的热量就多。一些化学物质释放出来，引诱昆虫传粉，而有些化学物质是易燃的。当花发热到一定程度时，就引起易燃化学物质燃烧。由于自燃花具有这种危险性，所以遭到人们的‘围剿’，现在已快绝迹了。”

“我要介绍的是胎生植物。”智星吴说。

“牛羊等哺乳动物是胎生，人也是胎生，植物也有胎生的？”一位同学问道。

“是的，生长在我国广东、海南、福建和台湾以及马来西亚、印度等地沿海浅滩上的红树，就是胎生植物。”智星吴说，“红树的种子成熟之后，不经休眠，直接在树上的果实里发芽、生根。等‘胎儿’长成4片鳞片、长30～50厘米时，借助于自身的重量，一个个‘扑通扑通’地‘跳’下来，扎入淤泥中。几小时后，细嫩的新根长出来了，幼苗就站住了脚根，可以独立生活了。还有一部分随海水漂流，漂到适宜的地方扎根、生长。

“生长于墨西哥、中美洲和西印度群岛的佛手瓜，也是胎生植物。旱季到来时，佛手瓜植株逐渐枯萎，而果实里的种子则吸收果实内的汁液，萌出新芽，长成一棵幼苗，一旦遇上雨水，立即扎根土中，很快长成一棵新的佛手瓜。”

“这些内容不错。”刀嘴李评论说，“只是都是长篇大论，小小板报如何能容下啊！”

“对呀，内容丰富，只是太长！”快手张也发现了问题。

“这么办吧！”刀嘴李说，“这次，我们只好劳智星吴的大驾啦！请他来一个‘缩写’，如何？”

“对！”大家一致拍手响应。

⑩ 叶片上的照片

刀嘴李的卧室里挂着一片枯叶，上面清晰地映着刀嘴李的蓝色头像。有人进入她的卧室，刀嘴李定会侃侃而谈，向客人们介绍她的杰作。

这天，快手张走进刀嘴李的房间，一片树叶照片映入眼帘。她好奇地问："你怎么弄了一张叶子照片呀?"

刀嘴李指着一盆天竺葵说："就以天竺葵为例，用我的照相底片给你介绍一下。

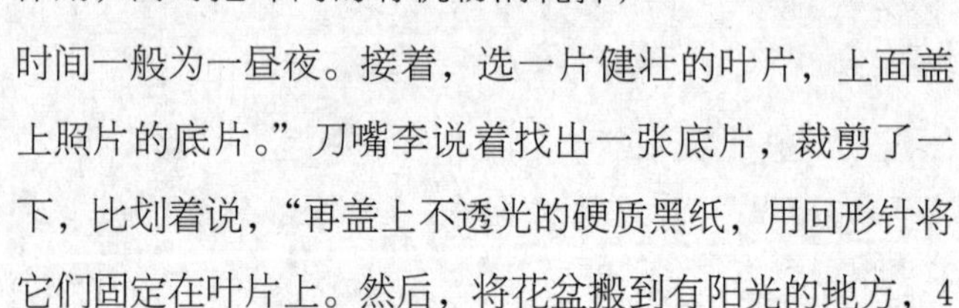

首先，把这盆天竺葵搬到黑暗处，或者用不透明的纸盒把它扣住，对它进行暗处理，也就是进行'饥饿'处理。不让天竺葵叶子进行光合作用，同时把叶内的有机物消耗掉，时间一般为一昼夜。接着，选一片健壮的叶片，上面盖上照片的底片。"刀嘴李说着找出一张底片，裁剪了一下，比划着说，"再盖上不透光的硬质黑纸，用回形针将它们固定在叶片上。然后，将花盆搬到有阳光的地方，4

小时后，取下底片和黑纸，将叶片摘下来放入小烧杯中，加入95%的酒精，直到浸没叶片。

再把小烧杯放在盛有水的大烧杯里，用酒精灯隔水加热，当绿叶颜色变为黄白色时，用镊子取出，冲洗干净。平铺在玻璃板上，滴上稀释过的碘酒，其比例是1份碘酒加5份水。一会儿，叶片上就出现蓝色照片了。

再等3～5分钟，取出叶片，用清水漂洗掉碘液，晾干压平。这样，叶片上的照片就成功了！

这个道理和光合作用生成淀粉的实验是一样的。对植物进行‘饥饿’处理，植物叶片在黑暗处无法进行光合作用，叶片内的淀粉逐渐被消耗。当搬到阳光下时，由于透明度不同，叶片上各部分所进行的光合作用不同，制造出的淀粉多少也不同，被阴影遮住的部分因未进行光合作用不产生淀粉。滴碘酒后，淀粉与碘发生化学反应生成蓝色，于是，清晰的头像就洗出来了。

为防止叶片照片损坏，可将较宽的透明胶带粘贴在叶子照片的背面，再在正面盖上一张透明的塑料薄膜。这样就可以保存很长时间了。”

“不简单，想不到你的动手水平提高得这么快！”快手张夸奖起刀嘴李来。

“不敢当，我这不是在鲁班门前耍大斧吧？”刀嘴李嘻嘻哈哈地说。

“就应该敢在鲁班门前耍大斧!”快手张认真地说，“要不然怎么会有创新，怎么会有进步！怎么‘长江后浪推前浪’啊!”

“你说得对！我们就要敢于创新，敢于标新立异，把思维扩展出去、想开去，从而锻炼我们的能力。”刀嘴李颇受感染。

“你拿一本什么书？爱不释手的。”刀嘴李问。

“哦，这是一本《绿色革命》，生物高科技方面的。”快手张说。

刀嘴李接过书，随手翻了起来：“呵！这个叶脉书签怎么制呀?”

“走，我们到实验室去制作吧!”快手张说。

化学实验员王老师答应她俩制作叶脉书签并嘱咐说：“化学药品有毒，不能动嘴尝，更不能动手拿，要严格按照操作规定办事。不能出现任何问题。”

刀嘴李和快手张一百个答应，她们采来了叶脉较粗的桂花叶、菩提树叶和羊蹄甲叶。快手张说：“到化学实验室做这个实验，最合适不过了，所需化学药品可随便取，就不必由生物实验室跑到化学实验室啦!”

快手张用天平称出5克碳酸钠和7克氢氧化钠，用量杯量出200毫升清水，将药品和水加入一只500毫升烧杯中，然后放在三角架上，垫上石棉网，将烧杯加热、煮沸。

快手张说："药液沸腾后，把选好的叶子放入里面，药液要浸没叶片，加热 5～10 分钟。当然，要看叶子煮的情况，即柔软部分能脱落即可。"

说话间时间已到，刀嘴李用镊子一试，柔软部分已很容易脱落，就对快手张说"你用镊子将树叶取出来，用水反复冲洗，冲净药液。这些药液不能接触手，因为它有很强的腐蚀性。"

快手张把洗净的叶片放到玻璃板上，用旧牙刷刷掉柔软部分。刷时他轻轻地用力，以防刷断叶脉。"

快手张果然手快，不一会儿就把菩提树叶和羊蹄甲叶刷好了。接着，她动手刷桂花叶，"嗳，你看！"快手张惊奇地说，"这片桂花叶很特殊，竟分出两层叶脉来，一层比较稀，一层比较厚。"

这时快手张一边刷一边分析起来："可能有些叶子有两层叶脉，这是因为叶子有正反两面，必须有两层输送水分的叶脉。但是为什么我们没有发现别的植物的叶子生有两层叶脉呢？这个问题等制完叶脉书签再研究吧。"

这时，桂花叶脉已经刷完了。

快手张说："如果你想对叶脉书签加颜色或在上面画一些艺术图案，就要晾干它，然后染色或绘画；如果你想要一个纯白色的叶脉书签，就要进行漂白。你准备选哪种呢？"快手张征求刀嘴李的意见。

"我两种都要。"刀嘴李说，"菩提树叶和羊蹄甲叶大，我要制成艺术书签，这个你看我的。桂花叶脉给它漂白吧。"

快手张说："漂白液是这样配制的。将4克漂白粉溶解到20毫升水中，另将3克碳酸钾溶解到15毫升的沸水内，然后将上述两种溶液混合起来搅匀，冷却后再加入100毫升清水，用过滤装置滤去残渣，就可以把刷好的叶脉放进去漂白了。叶脉漂白后可用镊子取出来用水冲净药液，放在玻璃板上晾干即可。"快手张说完，惟恐刀嘴李不明白，又说："过滤装置就是在漏斗内贴上一层滤纸，在铁架台上固定，下端用一只烧杯接住滤液便可。以后这一切就由你操办啦！"

刀嘴李在快手张指导下，很快得到了心爱的叶脉书签。在艺术书签上，她一张画了一个大苹果，一张画了一只小猴子。漂白的书签，冰清玉洁、一尘不染。

快手张可是一个追根究底的人，为了证实一片树叶、两层叶脉的假设，她把一枝带叶的桂花枝条浸在稀释的红墨水里，过了一夜，红墨水跑到叶子里，叶脉成了红色的了。她摘下一片叶子，把它卷起来，用刮脸刀片切成极薄的小条，她找了其中一块极薄的，放在滴水的载玻片上，放在显微镜下观察。她观察后高兴地说："刀嘴李你看，桂花的叶脉果然分为两层。一层深红色，比较厚；一层淡红色，比较薄。"

刀嘴李观察后说：“对呀！一片叶子两层叶脉，可以说是我们的新发现哩！”

受好奇心驱使，快手张和刀嘴李对多种植物的叶脉进行了观察，发现山茶叶的叶脉也是两层的。这对她们来说，可是一次不小的收获呀！

11 叶面水分蒸腾

天气格外晴朗，少年植物学家们兴冲冲地来到生物实验室，进行每天一次的活动。

刀嘴李神秘兮兮地说："诸位，请不要打扰我，等会儿，我给大家表演一个小魔术，好吗？"

"好！我对魔术很感兴趣。"快手张拍起手来。

刀嘴李独自忙乎起来，其他人忙着做叶片水分蒸腾实验。

这时，刀嘴李已准备好了魔术，她兴致勃勃地说："伙伴们，过来看小魔术啦！"

大家一听，立即围拢了过来。

只见刀嘴李手里拿着一张白纸，上面贴着"少年植物学家"6个粉色的字。她点燃起一支蜡烛，把火焰接近白纸上的字。

少年植物学家们看到粉红色的字渐渐变成了蓝色。

这时，刀嘴李倒了一杯开水，把蓝色的字放在杯口上，字又变成粉红色的了。

"呵！这个小魔术真神奇。"快手张惊讶地说。

刀嘴李乐哈哈地说："本姑娘可以当一个业余魔术师吧!"

"先别吹牛，你什么时候学了这一套?"智星吴说。

"我是从书本上学来的。"刀嘴李卖起了关子，"先在一只酒杯内注入 10 毫升蒸馏水，将二氯化钴晶体放入水中，制得粉红色饱和溶液。再将两张滤纸放在二氯化钴饱和溶液中浸透，取出将其烘干，然后用剪刀剪成'少年植物学家'6 个粉红色的字贴在准备好的白纸上。这就是我的'幕后'准备。"

"这个小魔术的原理是什么呢?"胖子于疑惑地问。

刀嘴李解释说："在通常状况下，二氯化钴有 3 种变化状态：带 6 个结晶水的显粉红色，带两个结晶水的显紫红色，带 1 个结晶水的显蓝紫色。3 个化合物的转化形式是这样的。"说着，她顺手在黑板上写出如下反应式：

$$CoCl_2 \cdot 6H_2O \xrightleftharpoons{52.25℃} CoCl_2 \cdot 2H_2O \xrightleftharpoons{90℃} CoCl_2 \cdot H_2O$$

粉红色　　　　　紫红色　　　　　蓝紫色

刀嘴李又解释说："六水二氯化钴，在 120℃时则变为蓝色的无水二氯化钴。所以，把蜡烛移近二氯化钴饱和溶液浸过的滤纸时，温度升高，二氯化钴失去了结晶水，字就由红色变成了蓝色。把字放在倒满开水的杯口上面，二氯化钴遇到了水蒸气，重新吸收了水分，再次显示出了原来的粉红色。”

“这个魔术很有趣。”智星吴沉思了一会儿说，“受这个魔术启发，我想把这个实验用在叶面水分的蒸腾上。我们知道叶子蒸腾作用的门户是气孔，叶片上表面和下表面的气孔的多少，可以用实验加以证明。不过，这个实验不是直接用二氯化钴晶体，而是用氯化钴试纸或硫氰酸钴试纸。这种试纸在干燥时呈蓝色，湿润后转变成桃红色。”

“试纸到哪里去找呢？”瘦子王担心地问。

“到化工试剂商店就可以买到。”智星吴说，“化学实验室也可能有，还需要宽一点儿的透明胶带。”

“宽透明胶带我有，我到化学实验室问一问有没有试纸？”刀嘴李说着，一溜烟地跑了。

不多一会儿，刀嘴李手拿透明胶带和氯化钴试纸回到实验室，说：“我向化学实验老师要来了氯化钴试纸。”

于是，大家开始了新的实验。

他们选了一株健壮的天竺葵，用脱脂棉蘸着水把叶面擦拭干净，用一块透明胶带把一小块氯化钴试纸贴在叶的上表面上，再用一块透明胶带把一小块氯化钴试纸贴在下表面上。这样，氯化钴试纸只能接受来自叶片的水分，由于其外侧被透明胶带遮盖着，隔绝了外界空气，

所以，氯化钴试纸变化与否，就表明叶片是否有水分散失。

同时，少年植物学家们在同一盆天竺葵的另一片叶子上表面和下表面均匀地涂一薄层指甲油，吹干后，照上法把氯化钴试纸用透明带封住。

实验完毕后智星吴对大家说："我想提出几个问题让大家思考：哪个叶片的哪个表面透明胶带内的氯化钴试纸最先变成桃红色？大约用了多长时间？涂有指甲油的叶片封存的氯化钴试纸有什么变化？在这里，涂指甲油的作用是什么？"

"等会儿我们看一下实验结果不就成了吗？"刀嘴李说。

"因为现在我们无法看到现象，我想考一下大家的分析和预测能力。"

"只贴氯化钴试纸叶子的下表面先变红，上表面后变红。因为下表面含有的气孔多，水分蒸发多，氯化钴遇水就会变成桃红色。"快手张说。

"这时间吗，要看植物蒸腾的环境而定。"瘦子王做出判断。

"涂指甲油的叶片封存的氯化钴试纸不会变为桃红色，因为指甲油堵塞了气孔，水分不能蒸发。"胖子于分析起来。

“哇！你们看，叶子有变化啦！”刀嘴李不知什么时间已溜到实验的天竺葵旁。

大家纷纷围了过去，结果同预测分析的完全相同。

12 绿叶喜欢哪种光

绿叶，不平凡的绿叶，

是你把大自然点缀得充满生命力！

绿叶是制造有机物的摇篮，又是制造氧气的工厂。

绿叶撑起了生命的绿伞，

为一切生物的生存提供了物质基础。

绿叶，为自然界水的循环贡献了一臂之力。

绿叶……

智星吴在朗诵他刚写完的《绿叶颂》。

“丁零零……有客人来，快开门。”门铃上的音乐配音响了起来，智星吴急忙去开门。

“智星吴，在家干什么呀？”胖子于开门见山地问。

“我看到绿叶充满生机，触景生情，写了一篇科学散文《绿叶颂》，但很不成样子。”智星吴不好意思地说。

“我对绿叶也特欣赏。可是，植物的叶子为什么是绿色的而不是其他颜色呢？我对这个问题始终疑惑不解。”

胖子于说。

“你说的问题，也正是我脑海中萦绕的问题。我也时常想，阳光是由不同波长的光组成的，当雨后天晴、阳光被空气中的水滴折射时，天空中就会出现红、橙、黄、绿、蓝、靛、紫七色彩虹。绿叶进行光合作用时更喜欢七色光中的哪种光呢?”智星吴遇到了知己，说出了自己困惑的问题。

“我们何不做个实验进行一番探讨呢?”胖子于又想到了点子上。

“怎么做呢? 我可心里没底。”智星吴说。

胖子于想了想，说：“这七色光我们不容易得到。我们用不同颜色的塑料袋代替如何?”

“呵！胖子于，你出的这个点子准行。”智星吴一听喜出望外。

胖子于和智星吴雷厉风行，说干就干。

胖子于急忙跑到文具店购买了红、橙、黄、绿、蓝、靛、紫 7 种透明纸和无色透明的 8 种玻璃纸，选取 8 只同样大小的花盆，选 24 棵长势相同的豌豆苗移栽到花盆中，用 8 种玻璃纸各糊成一只口袋，口袋正好套在花盆外。

胖子于对智星吴说：“我们一切准备停当，把 8 只玻璃纸口袋套在 8 盆豌豆苗上，放在光照下，晚上取下袋子。玻璃纸袋与花盆要写上相同的号码，以免混淆。”

半个月后，实验结果显而易见。

“嗳，同对照组1号相比，有一些正常，也有一些不正常。通过实验说明：绿叶喜欢吸收太阳光中的红光和紫光，最不喜欢绿光，所以反射出绿光来。”胖子于分析道，“难怪植物的叶子大多都是绿色的。”

只见智星吴紧锁着眉头，似乎听得很认真。忽然，他如同发现新大陆似的高兴地说：“我们那个实验，应该说从构思设计到实验结果，都是很不错的，但还可以用另外一种方法加以证明。”

“还有一种方法？快讲一讲！”胖子于一听喜上眉梢。

“我的设计是这样的。”智星吴说，“取两只小烧杯，其中一只烧杯内盛酒精，一只烧杯内盛叶绿素酒精溶液。然后，把两只小烧杯一起放在光源（日光）和三棱镜中间。在射入日光的窗户上贴一张有小孔的黑纸，让光线经小孔射向两只小烧杯，透过烧杯的光线经过三棱镜后，就会在白色的墙壁上得到两条光带。”

“这是什么道理呢？”胖子于不明白地问。

“其道理是这样的。”智星吴说，“当太阳光通过酒精和三棱镜后，在墙壁上得到一条红、橙、黄、绿、蓝、靛、紫七色俱全的彩色光带。这说明酒精不吸收太阳光中的任何颜色的光。当太阳光通过叶绿素酒精溶液和三

棱镜后，在墙壁上的彩色光带中会出现两条黑带。其中一条黑带在红光部分，另一条在蓝光和紫光部分。这说明叶绿素溶液吸收太阳光中的红光和蓝紫光，不吸收绿色光，所以反射出绿色。这个实验也可以说明为什么叶子是绿色的道理。”

“你的设想和分析很有道理。”胖子于诚恳地说，“我们何不到实验室去实验一下呢?”

“对，我们就这样定了！只是叶绿素酒精溶液的制取同‘叶片上的照片’那种方法是一样的。”说完，他们俩就马不停蹄地向学校实验室跑去。

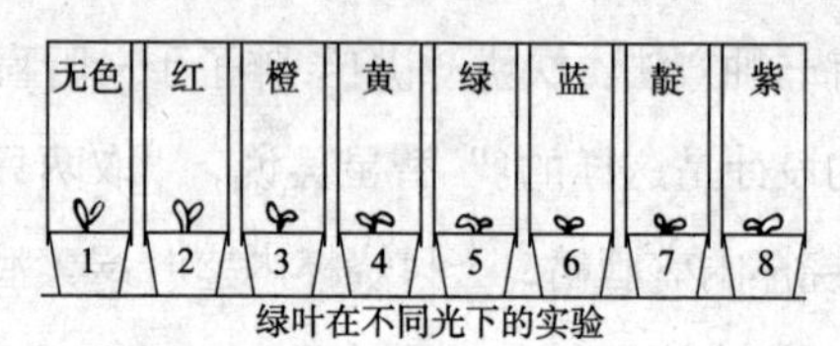

绿叶在不同光下的实验

13 给植物施气肥

这天，又是一个课外活动日，少年植物学家们集中在生物实验室里进行着他们喜欢的活动——动手实验。

只见快手张从天竺葵叶子上撕下一小片，制成临时装片，在显微镜下经仔细观察，她看到，叶片表皮上的细胞是扁平状的，结合紧密，但也有很多对分散的半月形细胞，这是保卫细胞。每一对保卫细胞中间的空隙叫气孔，是气体进出植物体的门户。

"刀嘴李，我在显微镜下找到了叶子表皮上的保卫细胞，快来看呀！"快手张喊道。

刀嘴李在显微镜下也看到保卫细胞——两个半月形细胞，中间有一个空隙。她突发奇想："怎么证明这些气孔确实是水分和空气进出的门户，让人更加信服呢？"

刀嘴李的目光停留在打气筒上："嗳，有了！我给叶柄打气如何？"

于是，刀嘴李用剪刀剪下一片天竺葵叶子，将叶柄插入打气筒的橡皮管中，再用棉花塞紧，不让它漏气，把叶子放进盛着水的器皿里，然后打气。这时，许多气泡从叶子的下表皮不断地冒出来。这使她喜出望外，她大声喊道："你们看，我用这种方法可以直观地证明气孔的存在。气泡是从气孔中冒出来的。"

"哇，用这种方法证明气孔的存在还真行！"大家异口同声地说。

"我去采几片其他植物的叶子，再来试一试如何？"瘦子王说。

不大一会儿，瘦子王采来了荷叶和菖蒲的叶子，一一进行实验，结果是：荷叶的气泡从上表皮冒出来，菖蒲叶的气泡从两面冒出来。

原来，陆生植物的气孔绝大多数在叶子下表皮，像天竺葵等；浮在水面上的植物的气孔大多在叶子的上表皮，如荷叶等；叶子直立生长的植物叶片两面的气孔一样多，像菖蒲等。

"可见，植物的形态结构对外界环境有很强的适应性。"瘦子王感慨地说。

"是啊，植物是靠气孔吸入空气中的二氧化碳、靠气孔

排出水分的。”胖子于对气孔的探讨情有独钟。

“据估计，一般植物每平方毫米的叶面积上有100个以上的气孔。”智星吴说，“一片白菜叶上的气孔大约有100万个，一片甘蓝叶大约有115万个，一片向日葵叶大约有130万个。”

智星吴说：“我们认识了叶片上的气孔，知道气孔是气体进出的门户。植物在进行光合作用时，就是从气孔吸进二氧化碳的。我想，要提高光合作用效率，增加二氧化碳浓度是可行的。我要做这方面的实验。”

几天之后，给植物施肥——增加二氧化碳浓度的实验准备工作就绪。

智星吴取两只小花盆，每只盆内播种3～5粒小麦种子，放在靠窗台的地方。出苗后分别用两个大玻璃罩罩起来。玻璃罩带有一个细嘴，插一根橡皮管，另一端接广口瓶，瓶上加塞带玻璃弯管。瓶内盛小苏打25克和适量盐酸（浓盐酸1份加水3份），小苏打和稀盐酸加在一起，就会发生反应，产生许多二氧化碳。另一组作为对照，封口用凡士林封闭。

两个星期后，有二氧化碳的玻璃罩下的小麦苗长得好；而对照组缺少二氧化碳，长得很差。

看到实验结果，智星吴高兴地说：“为植物施二氧化碳肥，效果不错。那么，怎样证明二氧化碳是光合作用

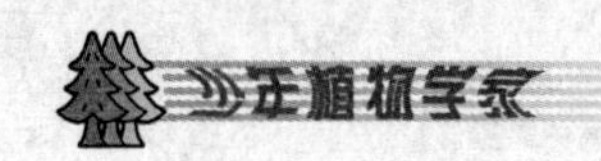

的原料呢？”

“是啊，我们得想个办法才行。”胖子于说。

“嗳，这样吧，”胖子于说，把两盆大小相近的天竺葵放在黑暗的地方一昼夜，分别扣在甲乙两只玻璃罩内，在玻璃罩的四周涂些凡士林，使空气不能由底下进入。以后在甲玻璃罩内放一只装有氢氧化钠溶液的小杯，氢氧化钠溶液的浓度为25％；乙玻璃罩内也放一只小杯，但装等量的清水。在甲罩内氢氧化钠能吸收空气中的二氧化碳，乙罩内仍旧含有二氧化碳，其他条件完全一样，而进行光合作用的原料不同。”

一昼夜后，少年植物学家们又来到了实验室。

“来，我们把这两个装置放在窗台上，接受阳光照射几小时。”刀嘴李说着，就和快手张把两盆天竺葵搬到窗台上。

两个小时后，刀嘴李揭开玻璃罩，从两盆天竺葵上各摘下1片叶子，做好标记，用酒精隔水加热，按照“叶片上的照片”里的方法，脱去叶绿素，滴上碘酒，看到甲罩里的叶片未变色，而乙罩里的叶片变成了蓝色。

智星吴总结说：“甲罩里的植物由于缺少二氧化碳，缺光合作用的原料，无法进行光合作用，不能制造淀粉，所以滴上碘酒不会发生颜色变化；乙罩里的植物叶片遇到碘酒变成蓝色，说明叶片里产生了淀粉，这是叶片吸收二氧化碳进行光合作用完成的。”

“对呀！”刀嘴李说，“二氧化碳是一切绿色植物必不可少的养料。如果缺少二氧化碳，植物不仅不能长大，反而会活活地饿死。在大棚种植上，给塑料大棚内充二氧化碳气的做法很值得推广。”

⑭ 为中国最珍贵植物喝彩

少年植物学家结合我国珍贵植物资源作了一次渗透爱国主义教育的科普报告。

刀嘴李打响第一炮。她用散文诗般的语言说道：

“水杉，在植物学界是多么响亮的名字！

“水杉，是我国的国宝，饮誉全球！

“不平凡的水杉，每当提起你，作为中国人一种自豪感会油然而生。

“1948 年，我国植物学家胡先骕和郑万钧联名发表《水杉新科及生存之水杉新种》论文，将其定名为“水杉”。论文肯定了它就是亿万年前在地球上生存过的水杉。从此，植物分类学中就添进一个杉科。水杉属水杉种，是植物界的活化石。

“水杉，还是传播友谊的使者，在国际交往中写下了光辉的一页。在朝鲜战争时期，金日成主席亲自用钵培育水杉。1978 年，邓小平同志到尼泊尔王国访问时，把中国水杉栽种在尼泊尔皇家植物园内。”

接着，刀嘴李又说：“同学们，同水杉一样响亮的另一种植物，是银杉，是世界特有的珍稀树种，和水杉、银杏一起被誉为植物界的‘活化石’。

“银杉的发现，和水杉一样，也曾引起植物界巨大的轰动。那是1955年夏天，我国植物学家钟济新带领一支调查队到广西桂林附近的龙胜花坪林区考察，发现了一株外形很像油杉的苗木，后来又采到了完整的树木标本。他将这批珍贵的标本寄给了陈焕镛教授和匡可任教授，经过他们鉴定，确认是地球上早已灭绝、现在只保留着化石的珍稀植物——银杉。从此，松科家族又增添了一个新成员。

“我要给大家介绍的是蜚声国际的‘中国鸽子树’。”胖子于说，“鸽子树是一种落叶乔木，高可达20米，枝干平滑。其叶片很大，为阔卵形，边缘有许多锯齿。花序为球形，上面聚集着许多小花，其开花时两个苞片张开如同鸽子展翅欲飞，十分美丽。一眼望去，有如‘白鸽落满树，藏在绿丛中；一遇风来时，展翅不凌空’。

“提到鸽子树，还有一个美丽的传说哩！据说，汉代王昭君出塞以后，嫁于匈奴单于呼韩邪。她日夜思念故乡，写下一封家书，托白鸽为她传送，白鸽不停地飞呀、飞呀，越过千山万水，终于在一个寒冷的夜晚飞到了昭君故里附近的万朝山下，但经过长途飞行，它已经万分疲倦，便在一棵大珙桐树上歇息，被冻僵在枝头，化成

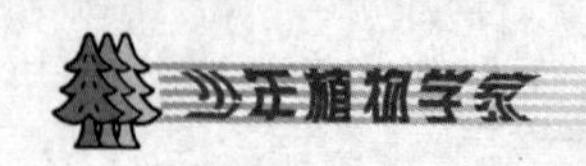

了美丽洁白的花朵……

“鸽子树之所以珍贵，是因为它是植物界著名的活化石之一，也被誉为植物界的‘大熊猫’……

“1903 年首先引种到英国，后来又传入其它各国。1954 年 4 月，周总理在日内瓦时适逢珙桐盛花时节，当了解到珙桐的故乡就是中国时，他连连称赞，感慨万千。”

胖子于介绍完鸽子树后接着介绍蕨类植物之王——桫椤。他说：“桫椤又名树蕨，高可达 8 米。它被列为国家一级重点保护植物。从外形看，桫椤有些像椰子树，树干直立而挺拔，树顶上丛生着许多大而长的羽状复叶，向四方飘垂。如果把它的叶片反转过来，可以看到许多星星点点的孢子囊群。孢子囊中长着许多孢子。桫椤是没有花的，当然也不能结果实，因而是靠孢子来繁衍后代的。

“20 世纪 70 年代末，在四川西部雅安市草坝合龙乡的核桃沟里，发现了成片稀疏生长的桫椤树。1983 年 4 月，人们又在四川合江县福宝区元兴乡甘溪口一带发现了 300 多株，有的高达 3～4 米，树冠直径 5 米左右，树干直径 10～20 厘米。桫椤体态优美，是很好的庭园观赏树木。”

瘦子王为大家介绍说：“另一种被称为‘植物大熊

猫’的是金花茶。1960 年，我国科学工作者首次在广西南宁一带发现了一种金黄色的山茶花，被命名为金花茶。

“金花茶的发现轰动了全世界园艺界，受到国内外园艺学家的高度重视。它是培育金黄色山花茶品种的优良原始材料。

“金花茶喜欢温暖湿润的气候，多生长在土壤疏松、排水良好的阴坡溪沟处，常常和买麻藤、藤金合欢、刺果藤、楠木、鹅掌楸等植物生活在一起。它的自然分布范围极其狭窄，只生长在广西邕宁县海拔 100～200 米的低缓丘陵地带，数量有限，被列为我国一级保护植物。

“我还要给大家介绍的，是另外一种世界珍稀植物——秃杉，它只生长在缅甸以及我国台湾、湖北、贵州和云南，是我国的一级保护植物。最早是 1904 年在台湾中央山脉乌松坑2 000米处发现的。难怪它的英文名字为‘Taiwania’，即‘台湾’的意思。

“秃杉为常绿大乔木，大枝平展，小枝细长而下垂。高可达 60 米，直径 2～3 米，生长缓慢，直至 40 米高时才生枝。叶在枝上的排列呈螺旋状。幼树上的叶尖锐，为铲状钻形，大而扁平，老树上的叶呈鳞状钻形。秃杉雌雄同株，花呈球形。雄球 5～7 个，着生在枝的顶端。雌球花比雄球花小，也着生在枝的顶端。种子只有 5 毫米左右长，带有狭窄的翅。”

“我要给大家介绍最高大的阔叶乔木——望天树和擎天树。”快手张说，“我国科技工作者在20世纪70年代发现了一种擎天巨树。它那秀美的姿态、高耸挺拔的树干，使人无法望见它的树顶，甚至灵敏的测高器也无济于事。人们称它为望天树。望天树一般高达60米左右，有直通九霄、刺破青天的气势。望天树具有很高的科学价值和经济价值，分布范围极其狭窄，被列为我国一级保护植物。

“望天树另一个极亲的‘孪生兄弟’名叫擎天树，是望天树的变种。20世纪70年代在广西发现，树高60～65米，具有极高的经济价值和科学研究价值。擎天树仅生长在广西的弄岗自然保护区，受到严格的保护。这两种树的发现，很了不起。”

最后，智星吴朗诵道：

漫天飞雪，熄灭不了你生命之火；

七月骄阳，晒不枯你圆润的身形。

啊，红玛瑙般的人参果哟，

你是隐藏在长白林海中的精灵！

你饱饮北国冰雪、山间甘露，

凝聚着如火的情怀。

你身上蕴藏着神奇的人参皂甙，

为病人带来灿烂的生命憧憬！

癌魔袭来，你挺起长矛抗御，使生命之树常青。

啊，红玛瑙般的人参果哟！

你在为人类奉献中获得永生！

智星吴朗读完后说道：“人参是五加科多年生草本植物。它的茎有四五十厘米高，叶有3～5个裂片，花很小，只有米粒般大，紫白色。人参可做药用，主要是用它的根。东北是我国人参最著名的产区，主要分布在吉林东部和长白山脉的抚松、集安、通化、临江等地，产量占全国的90%以上。

“人参可分为山参和园参两种。山参为山野自生，生长年头不限，几十年到百余年不等。1981年8月，吉林省抚松县北岗乡4名农民用了6个多小时，挖出了一棵特大的山参，它已有百岁以上，重达287.5克。这棵大山参外形美观、紧皮、细纹，参须长满匀称的金珠疙瘩。从颅头到须根长54厘米。是我国现存最大的一棵山参，陈列在北京人民大会堂吉林厅。

“人参的果实就是‘猪八戒吃人参果、食而不知其

味’的人参果。它呈扁圆形，如豆粒大小，生青熟红，十分好看。人参果的医药价值极高。清代学者赵学敏在《本草纲目拾遗》中记述说：‘人参果秋时红如血，其功尤能健脾。’现在，人们将其果肉加工成人参膏，已成为异香扑鼻的高级补品。”

⑮ 让苹果长出自己的名字

午饭时，刀嘴李拿出一只大大的富士苹果，对周围的同学说：“请吃‘福’苹果啦！”大家一看，她手拿的苹果个儿较大，便好奇地问：“你拿的明明是个富士苹果，怎么说是个‘福’苹果呢？”

“这有什么好奇的，你看这不是‘福’苹果吗？”刀嘴李说着，把苹果上的“福”字亮给大家看。大家一看明白了，原来苹果上长有一个“福”字。

“哇！真神奇。苹果上竟能长字。”有些同学议论开来。

“有什么稀罕的，在市场上常有印字的果品。果农把祝福话和吉利话，如‘恭喜发财’、‘吉祥如意’等，印在果品上，令人赏心悦目，成为人们馈送亲友、探望病人、欢度佳节的佳品。我这苹果就是大姨送来的。”刀嘴李向大家解释道。

“大家不是欣赏实践出真知吗？”快手张也被感染，“我们在夏末做一个苹果上长字的实验，不就明白了吗？”

“是啊，要知道梨子的滋味，就要亲口尝一尝啦！”

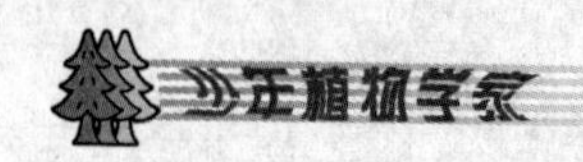

同学们对此提议都表示拥护。

当时苹果刚开花，无法实验，少年植物学家们只好等待。

花开叶绿，节气更替，转眼到了夏末。他们要到校果树园里去做苹果长字的实验了。

他们高兴地唱着：

我们前进，前进，

走向遥远的地方……

走到果树园，刀嘴李说："大家在苹果上写上个什么字呢？"

"福、寿、吉、喜怎么样？"胖子于急不可待地说。

"太俗气！"瘦子王当即否定。

"嗳，有啦！我们在苹果上写上自己的名字，让苹果长出自己的名字该有多好啊！"智星吴说。

"这个主意好，就这么办！"大家表示一致同意。

"大家注意，我们必须选择红色果实的品种，如红香蕉、红玉、红富士等。选的幼果快要变红的，必须用遮光纸。"刀嘴李提醒大家。

"说话不要耽误卖药，你没看到我已经干起来了吗？"智星吴说道。

只见胖子于选了一只苹果，用遮光纸往苹果上一量，纸大了，他又用剪刀一剪，然后用毛笔写下“于聪”两个字，用剪刀剪下自己的名字，贴在苹果向阳的一面。

快手张与众不同，她在遮光纸上写下自己的名字将空白的名字贴在苹果的向阴面。

智星吴索性用毛笔蘸足墨，在苹果的向阳面画了一幅山水画，站在那里自我欣赏。

刀嘴李见大家做完了实验就说道：“这次实验，胖子于、瘦子王和我的实验一样，是将名字贴在苹果上的，将来我们的名字不会变红，是淡青色的，名字周围是红色的，而快手张的能长出红色的名字，四周是淡青色的。因她的名字被抠去，而智星吴的苹果能长出一幅淡青色的山水画，不过，还必须把山水画剪在遮光纸上贴上去。诸位，我说得对吧！”

“刀嘴李，你说苹果怎么会长出名字呢？我对这个道理不明白。”胖子于说。

“苹果在成熟的过程中，凡是被阳光照射到的地方，果皮慢慢变成红色，被遮光纸遮住的地方，自然保持原来的淡青色。当果实成熟时，把纸片去掉，苹果上便出现了自己的大名。”刀嘴李说，“至于苹果变红的问题，是色素如叶绿素、叶黄素、花青素等发生一系列变化，叶绿素会分解消失，叶黄素能使果实呈现黄色，它在植物体内一种酶的作用下，又会变成花青素。花青素在酸性溶液中有呈红色的特性。因此，苹果受到阳光强烈照射后，生命活动非常旺盛，酸性物质增加，花青素变成红色，使苹果向阳的一面变出鲜红的颜色。被遮光的部分，缺少阳光照射，花青素仍保持原来的淡青色。这就是苹果长名字、长画的道理。”

智星吴说：“对于花青素我也做过研究，它如同神奇的魔术师，不同的环境会表现出不同颜色。当细胞液是弱酸性的时候，呈红色，酸性愈强，颜色愈深；当细胞液是碱性的时候，呈蓝色，碱性增强，会成为蓝黑色；而当细胞液是中性的时候，则呈紫色。”他一转眼，忽然看到小沟旁边的一棵牵牛花，便说道：“为了更好地理解这个问题，我曾用一朵牵牛花做过实验。把红色的喇叭花泡在肥皂水里，它很快就变成了蓝色，因为肥皂水呈碱性；再把这朵蓝色花泡在醋里，则重新变成了红色，因为醋显酸性。”说完，智星吴顺手掐了几朵牵牛花给胖子于，并说：“你回家后做一做实验就明白了。”

胖子于手拿牵牛花，高高兴兴回家做实验去了。

16 无土栽培研究

一天，教生物课的杨老师讲完“植物生长需要哪些无机盐”后，对同学们说：“大家可以到生物实验室参观一下，我们学校少年植物学家们在那里做了一系列实验，那里有无土栽培的实验，有无机盐研究的实验，植物缺少无机盐的症状在哪里，都可以看到。他们为了配合我们的学习，提前做了这方面的实验。”

为了做好实验，少年植物学家在一个月前就开始工作了。他们做了分工，刀嘴李和快手张负责用“无土栽培法”培养番茄，智星吴、胖子于和瘦子王负责植物缺乏无机盐研究的实验。

刀嘴李和快手张配制了一种完全营养混合液：在1 000毫升蒸馏水中加入硝酸钙 1.00 克、磷酸二氢钾 0.25 克、硫酸镁 0.25 克、氯化钾 0.125 克、氯化铁 0.012 5 克。为用天平称药便利起见，按这个比例多配制了几升。

快手张对刀嘴李说：“我查了有关资料，应该把番茄种子用 3%的甲醛溶液消毒 15 分钟，以免感染病菌，影响番茄生长。然后，用清水冲洗，把种子一粒一粒地包在浸湿的纱布里卷成长条，让种子发芽。”

“动手是你的强项，这个任务由你来承担吧。”刀嘴李说。

快手张找来 5 只洗干净的广口瓶，口上各装一只开着两个孔的盖子，然后灌满营养液。

等番茄胚根长到 2～3 毫米时，快手张选择生长健壮的幼苗插入广口瓶瓶盖的小孔中。孔口太大了就用棉花填塞在幼苗和孔口之间，使番茄苗不致掉入瓶中，也不致倒下。幼苗的根部完全浸入营养液中。然后，把这 5 瓶无土栽培的植物移到窗台边，使其照到阳光。

一切准备停当，快手张对刀嘴李说：“每隔一天要将瓶子中的溶液搅动一下，以防伤根。还可将打气筒的橡皮管通入瓶中向里打气，以增加营养液里的氧气含量。如营养液液面下降，还应从瓶口加入，这一切就由你来完成了。”

“得令！”刀嘴李滑稽地行了一个举手礼，然后哈哈大笑起来。

“别高兴得太早了！”快手张提醒说，“为了防止番茄根部被病菌感染产生黏结的东西，每隔两周要换一次新配制的营养液，把番茄根部放入稀高锰酸钾溶液内消毒几分钟，浓度为 0.1%，直到实验结束为止。”

“放心吧！这样会锻炼我的动手能力，使我获得‘快手李’的美名。”刀嘴李乐呵呵地说。

智星吴、胖子于和瘦子王负责的植物缺乏无机盐研究的实验也进行得扎实而有序。

俗话说：“人黄有病，稻黄缺肥。”植物在某些营养元素缺少时，体内的正常代谢过程会遭到破坏，就会表现出某些症状来。遇到这种情况可根据植物表现出来的症状，对症“下药”，即给植物补充适当的营养元素。

智星吴、胖子于和瘦子王也是用营养液栽培植物的，只不过是不完全营养混合液。他们找了6只广口瓶，一切操作方法同刀嘴李和快手张的一样，将缺氮、缺磷、缺钾、缺镁、缺铁的营养液分别装在广口瓶中，口上各装一只开着两个孔的盖子。给广口瓶分别编上1、2、3、4、5、6号。1号是对照实验，用的是完全营养液。

他们是在1个月前进行实验的。将生长健壮、高矮差不多的玉米幼苗插入瓶盖的小孔中，使根浸在营养液中，放在温暖、有光照的地方。

杨老师带着同学们到生物实验室参观。这些同学进来一看，呵！这些番茄和玉米全长在液体里，便异口同声地说：“这就是无土栽培吧？”

“对！这里的实验都是无土栽培。”智星吴回答说。

“这是无土栽培的番茄，生长得十分健壮。”刀嘴李打断智星吴的话抢着说，“我们用的营养液，是完全营养混合液，就是不缺植物生长所需要的营养元素。”

“呵！我们就与你们不同了！”胖子于大声说，“我们用的营养液是不完全营养混合液，就是特意缺少某种元素，看植物会出现什么症状。”说着，顺手把已复印好的“不完全营养液配制表”分给大家并补充说：“你们先看看表，我再给你们讲。”

不完全营养液配制表

盐类＼溶液	缺 氮	缺 磷	缺 钾	缺 镁	缺 铁
硝酸钙	—	1.00克	1.00克	1.00克	1.00克
磷酸氢钾	0.25克	—	—	0.25克	0.25克
硫酸镁	0.25克	0.25克	0.25克	—	0.25克
氯化钾	0.125克	0.125克	—	0.125克	0.125克
氯化铁	0.012 5克	0.012 5克	0.012 5克	0.012 5克	—
硫酸钙	1.03克	—	—	1.03克	—
磷酸二氢钠	—	—	0.25克	—	—
氯化钠	—	—	0.09克	—	—
蒸馏水（或雨水）	1升	1升	1升	1升	1升

接着，胖子于指着1号玉米说：“这株玉米是用来对照实验的，用的是完全营养液，不缺玉米生长所需要的营养元素，你们看它长得十分健壮。”

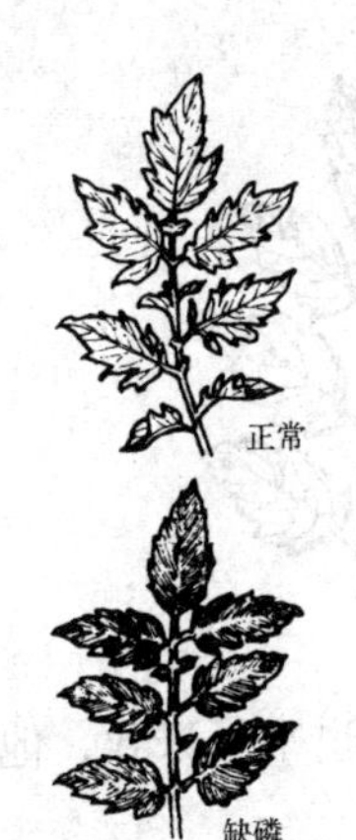

继而，胖子于指着 2 号玉米说：“这株玉米长得特别矮小，叶面上出现红色，呈现缺磷的症状。3 号玉米茎秆细弱，老叶已出现黄斑，过几天之后叶尖和叶缘会变成褐色，焦枯衰败而死，明显缺钾。4 号玉米叶脉仍呈现绿色，而叶脉之间的叶肉已经发黄，还有些枯死斑点，这是缺镁的症状。5 号玉米植株长得既矮小，又黄瘦，明显缺氮。6 号玉米顶端的幼叶先在基部发生灰黄色斑点并沿着叶脉向外扩展，形成严重的缺绿病，整个叶片淡黄，甚至呈现白色，这是缺铁的象征。”

胖子于见同学们听得津津有味，话锋一转说道：“当然，我们知道了植物缺什么元素造成的后果后，便可补充什么肥料、对症治疗了。”

缺镁

缺铁

瘦子王见胖子于讲得头头是道，便也来了兴致，他说："我给你们讲一个类似的故事吧！"

"这是发生在外国一个果园的故事。有一个果园的果树大都得了病，树的基部老叶片有褐色斑点，边缘卷起；坏死斑点既大又普遍，先出现于叶面之间，后出现在叶脉上；植株上生出许多小叶。然而，一条穿过果园的小路两旁呈现的却是另一番景象，果树树叶繁茂，果实压弯了枝头。起初，人们对此大惑不解，后来，经过调查研究发现，这条小路是通往一座矿山的必经之路，工人们上下班都要经过这条小路，这无意之中为路旁果树带来了一种矿质元素，弥补了生长营养元素的不足。大家想想看，果树得了什么病？这座矿山是什么矿？"

同学们面面相觑。智星吴说："人家没有学习怎么能猜出来，你认为这是猜谜语呀！我告诉大家，果树是得了锌缺乏症。那里是一座锌矿，锌矿工人途经果园时，无意间弥补了果树生长中锌的不足。”

参观的同学大开眼界，想不到这里面竟有这么多学问。

⑰ 苹果香蕉催柿熟

金秋时节，胖子于、瘦子王和智星吴 3 人趁星期天到市郊山区考察，他们乘坐的客车沿着崎岖的公路向前奔驰。道路两旁的槐树叶已变成一片金黄，槐树间的火炬树更为引人注目，红得鲜艳而美丽。漫山遍野的树，红一片，绿一片，黄一片——如同艺术大师把五彩颜料泼洒在山上。

当他们走进山楂沟和柿树岭时，树上的果实十分惹眼。山沟里的山楂树挂满了红红的山楂果，一簇簇，一丛丛，枝子都被压弯了；再看那柿子岭，满岭都是柿子树，树上的柿子有黄的，有红的，如同一盏盏灯笼挂满枝头。

胖子于、瘦子王和智星吴从来没有见到这么多山楂树和柿子树，树上还结了这么多果子，高兴得不得了。一位果农正巧在摘柿子，他们好奇地观看着并试着帮他摘了起来。告辞的时候，果农说道：“谢谢你们!”说着拾了一兜柿子，硬塞给腿脚慢一步的胖子于。胖子于见果农真心实意要给，盛情难却，只好收下了。

由于走得匆，果农没有来得及告诉柿子脱涩的方法，他们也没来得及问。于是，大家就对柿子脱涩问题展开了讨论。胖子于说："我听说用开水泡一泡就能脱涩。还有人说，把柿子放在冰箱里冻两三天，化开后就不涩了。"

智星吴说："这没脱涩的柿子叫生柿子。它里面有许多可溶性单宁酸，会使你的舌头发木、满口发涩。果实在成熟时能释放出乙烯，乙烯能促使单宁酸氧化或形成不溶性物质，人就不觉得涩了。同时，乙烯还可促使果胶酶将细胞间的果胶钙的分解，柿子就由硬变软了，细胞中贮藏的淀粉就变成了糖，柿子也就甜了……"

胖子于、瘦子王急不可待地打断智星吴的话，说："您先别讲大道理了，咱们到哪去弄乙烯啊？"

"你这两个馋鬼，知道了道理，难道还不知道从哪儿去找乙烯啊！"智星吴显然在启发他们俩。

经他这么一讲，胖子于、瘦子王豁然开朗，说："对呀！既然果实成熟时能释放出乙烯，我们何不去找成熟的果实来获得乙烯呢！""说得有道理！真是三个臭皮匠顶个诸葛亮！"

回到实验室后，胖子于拿来熟透的大苹果，瘦子王拿来家里的香蕉。"

智星吴见状，笑了笑，对他俩说："谢谢你们的水果。”说着，就把苹果和香蕉放在生柿子里，然后用一只大塑料袋一扎，说，“5天之后，全班同学就能吃到又软又甜的柿子了!”

“能行吗?”“肯定行!”智星吴信心满满地说。

“对啦!”胖子于说，“提到苹果，我想起了一件事。前几天我家来了几位客人，我削好一盘苹果招待他们，但客人只顾说话了，苹果还没有吃，不一会儿，白嫩嫩的苹果却变成了难看的黑褐色。而我发现酒店里削的苹果往往一点儿也不变色。这是怎么回事呀?”

“你说的这个问题，我已做过实验。”智星吴说，“我在家里挑了3只大小差不多的苹果，削去皮，第1只放在瓷碗里，让它充分接触空气；第2只放在瓷碗里并盖上，不让它与空气接触；第3只放在2%左右的盐水里。12小时后我发现，完全接触空气的一只苹果变成黑褐色且带有苦涩味；第2只苹果果肉稍微出现黑褐色但味道未变；第3只果肉仍是白色的，并且依然好吃。”

“酒店里是把削好的水果在冷盐水中浸泡5分钟左右，再捞起摆在果盘里，可以放几个小时不变色。原来，苹果里含有一种物质叫鞣质，鞣质有一种特性，即在空气中会被氧化生成一种黑褐色物质。把削好的苹果及时放入盐水中，果肉表皮带酸性的鞣质就会和食盐发生反应，变成一种不是鞣质的物质，敷在果肉的表层，这样，削了皮的苹果在几个小时内就不会变色了。”

“嗬，原来如此啊。”胖子于和瘦子王不无钦佩说。

18 娱乐班会

为了缓和学习压力、活跃气氛，杨老师作为班主任，一周前决定举行一次娱乐班会，让几位少年植物学家作为主角表演一番。

“同学们，这次是娱乐班会，由李娇主持。下面班会开始！”杨老师说。

刀嘴李含笑走上讲台，全班顿时响起了热烈的掌声。

“大家好！”刀嘴李向同学们鞠了一躬，说，“今天和大家共度这欢快的娱乐班会，希望大家多多支持。”说完双手一揖，又是一阵热烈的掌声。

“下面，请智星吴为大家逗乐。有请。”刀嘴李颇有主持人的风度。

智星吴笑嘻嘻地走上讲台，说：“我为大家讲一个‘中药对’的故事。从前，有一位老中医，喜欢用中药名作对联。有一天，一位客人一进门就指着门口的灯笼说：

灯笼笼灯，纸（枳）壳原来只防风；

老中医马上对道：

鼓架架鼓，陈皮不能敲半下（夏）。

客人走进院子之后，看到一片茂盛的竹子，赞叹道：

烦暑最宜淡竹叶；

老中医随口应对：

伤寒尤妙小柴胡。

客人在院子里的花坛边坐下后，又出一联：

玫瑰花开，香闻七八九里；

老中医不假思索地对道：

梧桐子大，日报五六十丸。

客人看完病，告辞出来，说道：

神州处处有亲人，不论生地熟地；

老中医听后，随口说道：

春风来时尽著花，但闻藿香木香。

对联中的枳壳、防风、陈皮、半夏、淡竹叶、小柴胡、玫瑰花、梧桐子、生地、熟地、霍香、木香都是中药名，对得工整和谐，颇有趣味。二人兴味盎然，边走边谈，老中医一直把客人送出村外，才挥手而别。”智星吴讲完故事走下讲台，赢得了同学们的热烈掌声。

“下面有快手张让大家开怀一笑。”刀嘴李说完又做了一个“请”的姿势。

“我给大家讲一个‘豆芽生处对联巧’的故事。”快手张说，“不过，我还要考一考大家。”

她环顾了一下教室，说："古时候，有一位知县在新春佳节前夕，传令各家各户都要新写一副对联，并评比谁家的好。结果，评来评去，被一位卖豆芽的老汉夺了魁。他的对联是这样写的：

长长长长长长长，

长长长长长长长。

横披是：长长长长。"

快手张说完，"刷刷刷"几笔就把这对联及横批在黑板上写了出来，并说："大家读读看，这对联应该怎样读?"

顿时同学们来了兴致，长（zhang）长（chang）地读起来，热闹非凡。只是，读来读去，总找不到正确的读法。

"快手张！我们弄不明白，你给我们讲一讲吧！"一个同学大声喊道。

快手张拍了拍手，让大家安静下来，说："这副联语不但别出心裁，而且异常贴切，别具一格地表达了这位卖豆芽的老汉的心愿：希望自己的豆芽长（zhǎng）长（cháng）一些，好多卖几个钱养家糊口。本联的读法是：上联中的第1、3、5、6字读 cháng，其余的读 zhǎng；下联中的第1、3、5、6字读 zhǎng，其余读 cháng；横

披中第1、4字读 cháng，第2、3字读 zhǎng。”

同学们按照快手张的读法读了起来，觉得十分贴切，顿时响起了雷鸣般的掌声。

第3位是胖子于，他登上讲台说：“我给大家讲一个‘猜谜得妻’的故事。唐伯虎是明代江南才子，一天他出去闲游，来到挂着‘万昌号’招牌的药店，便走了进去。只见卖药的姑娘十分漂亮，顿生爱慕之情，心想：‘这姑娘是不是徒有外表呢？我何不借买药之机，试一试她的才学呢？’于是，唐伯虎向姑娘施了礼，请她给抓一副‘百年貂裘’。这位姑娘叫春桃，从小读书识字，是一位闻名遐迩的才女，一听就知道对方的来意，便随口说道，百年貂裘好‘陈皮’，不知客官要多少？

“唐伯虎一听春桃随口说出谜底，心中十分高兴，接着说，‘二买愚公移山。’春桃笑着说，‘愚公移山实远志，本店有很多。

“‘三买夜行不迷途。’唐伯虎又说。

“‘熟地怎会怕夜黑。’春桃对答如流。

“唐伯虎接着说：‘我四买牡丹花王妹。’

“‘牡丹花王妹是芍药。这个我们也卖。’

“‘我五买酸甜苦辣咸。’

“‘世人称酸甜苦辣咸为五味子。现也有货。’

“‘我六买拦海围良田。’

“‘拦海围田是生地。’

“‘我七买南岳山间还。’

“‘岳道滑石路难行，劝君千万要小心。’

“‘我八买彩蝶花丛舞。’

“‘香附彩蝶双双飞，恐怕你难追。’

“‘我九买青藤缠古树。’

“‘寄生多日难免苦。’

“‘我十买游子思家园。’

“‘游子思家早当归。’

“这时，唐伯虎十分钦佩春桃姑娘，连连夸她。春桃羞得红了脸，对唐伯虎的印象很不错。他们以谜为媒，终于结成百年之好。”

胖子于说完，室内响起了热烈的掌声。同学们都被这猜谜逗乐了。

“有请瘦子王为大家带来开怀一笑！”刀嘴李乐不可支地说。

“台湾屏东盛产木瓜，”瘦子王开门见山地说，“打工的老王装了一大篓带到了台北，送给嗜吃木瓜的上司做礼物。上司高兴地说：‘让你花钱，真不好意思！’见取悦上司的目的已达到，老王心花怒放地说走了嘴：‘哪里哪里，便宜货，在屏东我们拿它喂猪。’”

同学们哈哈大笑起来，这是发自内心的笑，驱走了

紧张，驱走了疲劳，换来了开心。

刀嘴李也被娱乐的班会感染了。她说：“我给大家说一个‘巧问妙答’的谜语故事，好不好?”

“好!”同学们齐声回答并热烈鼓掌。

“有一次，一个顾客到商店买果品。”刀嘴李有声有色地说，“一位店员迎上前来客气地问道：‘先生，您要买点儿什么?’

“顾客开玩笑地说：‘我要买的东西有肉无骨，有骨无肉，肉包骨头，骨头包肉……’

“店员眼珠子骨碌碌转了几圈，态度谦和地问：‘请问各要买多少?’

“顾客数着手指说：‘一两半，二两半，三两半，四两半，再加八两请你算。’

“过了不多一会儿，聪明的店员笑嘻嘻地如数将果品交给了顾客。

“顾客十分满意，并随口问了一句：‘总共多少钱?’

“谁料，店员调皮地说：‘一二三，三二一，一二三四五六七，七加八，八加七，九加一十加十一，还要乘以三加一。’

“同学们，大家猜一猜，那位顾客要的是什么水果?每样多少?”刀嘴李兴致勃勃地说，“还有，这位顾客共用了多少钱?”

这时，班级里如同炸了锅，同学们议论纷纷，七嘴八舌地猜开了，都想争“头彩”。

“我猜出来了！”班级里出名的调皮王站起来说，“是香蕉、甘蔗、枣子和核桃。每样各买了 2 斤，总共付款 4 元。”

“完全正确。”刀嘴李说，“给他加 10 分！”

在热烈的掌声中，娱乐班会仍在进行……

⑲ 甘薯的故事

少年植物学家放学回家，在大街上碰到烤甘薯的，刀嘴李流着口水说：“今天我请客，请大家吃烤甘薯。”

“铁公鸡今天怎么拔毛啦!”胖子于揶揄地说。

“得了吧，我能比你‘铁’吗?”刀嘴李边说边买甘薯送给大家。

“你们知道吧，甘薯在各地有好多种叫法呢!”刀嘴李说。

“这个吗？我知道。”快手张乐哈哈地说，“北京叫白薯，山东叫地瓜，四川叫红苕，江苏叫山芋，浙江和广东吗，叫番薯……对了，福建叫金薯，有的地方还叫它红芋，植物学的正式名字叫甘薯。”快手张如数家珍。

“想不到你对甘薯还真有研究哩!”智星吴佩服地说，“不过，你可知道甘薯是怎样引种到咱们国家的吗?”

“这个么，不知道。”快手张坦诚地回答。

“甘薯的引种是这样的。”智星吴说，“明万历二十一年，福建人陈振龙到吕宋（今菲律宾）去经商，发现那

里出产一种甘薯，易于栽培，产量高，可食用。他想到家乡民不聊生，就想把甘薯引回种植。然而，当时统治菲律宾的荷兰人搞经济封锁，严禁甘薯出境。于是，陈振龙动起脑筋，搞起了‘地下活动’。他偷偷地购买薯藤，向当地农民学习了栽培方法，并把薯藤搓成绳索，在外面涂上泥巴，混过了关卡的检查，终于把甘薯带回了祖国。

“陈振龙回国后，亲自种植并把薯种分赠给家乡劳苦大众，还向乡亲们传授栽种方法。福建巡抚见甘薯产量很高且种植容易，就下令大力推广，并把甘薯起名为‘金薯’，撰写、刊印《海外新传七则》，详细介绍了种植方法，从而使甘薯成了福建的重要作物。

“陈振龙的子孙把甘薯推广到山东、河南、北京等北方地区。当时流传这样一首民歌：

> 不爱灵药共仙丹，
> 惟爱红薯度荒年。
> 何人远来传此种，
> 陈公父子取洋番。

“1963年，当甘薯传入我国370周年的时候，郭沫若写了《满江红》词加以纪念。”

“哎呀呀！智星吴，你了不得啊，对甘薯的历史研究得如此透彻。”刀嘴李对智星吴钦佩不已。

“你们知道吗？甘薯用传统育种方法栽培，产量低，造成甘薯本身带有十几种病毒，如果能使甘薯脱毒就好啦！”快手张对甘薯了解得更为深入。

“那我们就对甘薯进行脱毒实验，探究这个问题。”智星吴十分赞同。

“对，我们对甘薯进行脱毒实验。”其他几位少年植物学家表示赞同。

他们首先制定了实验方案——采用鲁薯 8 号的生长点（茎尖）共计 25 株，每株约 0.3～0.5 厘米，在经过酒精消毒的无菌环境下进行处理，接着接种。

“接种是一项复杂的工作。”快手张说，“首先要把培养基用高压锅消毒，待冷却之后，再把经过消毒处理的茎尖接种到培养基上，放在温室里进行培养。”

十几天后，每个茎尖都分化出 6～8 株小苗。苗的高度达 5～6 厘米时，再进行分化培养。

他们把培养基里的小苗移植到生根培养基，再移栽到经过 1 200℃高温消毒的蛭石里，进行速生壮苗培养。

最后，大家将薯苗截成 15 厘米长，移栽到学校的实验田里。

少年植物学家们看着茁壮成长的甘薯，心里乐开了花。刀嘴李感慨地说："通过甘薯脱毒实验，不但了解了脱毒培养甘薯的全过程，而且培养了我们的动手能力，提高了自身的科学素质。"

20 落叶纷纷有学问

金秋来临，秋风阵阵，树叶不时地落下，投入大地的怀抱。这天放学后，少年植物学家们走在公路边梧桐树下，正巧一片梧桐叶落在刀嘴李的头上。她拿起树叶仔细打量了一会儿，说："到了秋季，树叶为什么要纷纷落下呢?"

"秋天来临，气温渐低，雨水减少，树叶的生理功能受到影响。光合作用减弱，植物内部养料的供给减少。根系吸收进来的水分减少，而叶片还要蒸腾散失大量的水分。如叶片不落的话，反而会因水分的散失和营养的大量消耗而危及植物的生存。可见，叶子脱落是对不良环境的一种适应。在热带有些树木为躲过干旱季节，也会出现落叶现象。"胖子于解释起来。

"这是植物落叶的原因。"刀嘴李认为这不是她所要问的。

"你问的是落叶的生理基础吧?"瘦子王切中问题的要害。

"瘦子王说得对，正是。"刀嘴李点点头说。

“落叶是植物生命活动中正常的生理现象。在这一时期，细胞内产生大量代谢终产物，引起叶细胞功能衰退、死亡。将要落叶时，在紧靠叶柄基部的区域会形成一种特殊的细胞层。这里的细胞个头比周围的小，成正方形，后来逐渐变圆，彼此分离。这一细胞层叫离层。当离层形成后，叶子只有维管束与枝条联系。而在这时，维管束的长度缩短，内部纤维消失，叶子本身的重量使这一薄弱的区域断裂，被风一吹，叶子便飘然落地。当然，叶子飘落与本身产生的一种物质脱落酸也有关系。”瘦子王头头是道地述说着。

刀嘴李听后十分感慨，说：“想不到落叶这么有学问呀！”她对植物的落叶发生了兴趣，于是，就认真记起落叶观察日记：

10 月 20 日　星期二　晴

今天在上学的路上，我看到路边梧桐树的叶子落了一地，就蹲下来准备捡几片，我发现大多数叶子是背朝天的。这究竟是为什么呢？我仔细看了看它的叶脉，这使我产生了好奇心，我决定对其他植物的落叶也进行观察。

10 月 21 日　星期三　晴

今天，我在路边观察了杨树的落叶，发现一

个同样的问题：它的大多数落叶也是背朝天的，它的叶脉与梧桐叶的叶脉很相似。这使我很纳闷，也更激起了我的观察欲望，我要继续观察。

10月22日　星期四　晴

我特意找到一棵刺槐树，观察了它的落叶，叶脉与梧桐叶相似，同样大多是背朝天的。

10月23日　星期五　多云

学校西北角的草坪边有一棵榆树，叶脉同梧桐差不多，落叶也是背朝天的。看来，植物落叶大多数是背朝天的，这究竟是为什么呢？

刀嘴李通过几天的观察记录，发现一个人们平时不很注意的问题——植物落叶背朝天。

离层
叶柄
维管束

观察带来的发现，使刀嘴李十分兴奋，她决心搞清落叶背朝天的奥秘所在。

植物的叶一般由叶片、叶柄和托叶组成。托叶重量微乎其微，叶脉是叶片的骨架，呈网状分布在叶片全身。叶脉所占的体积小，是由木质部、韧皮部和机械组织构成的，在叶片的正面和背面之间分布比较均匀，这不是落叶背朝天的原因。

刀嘴李想：“根本原因可能在叶片。”

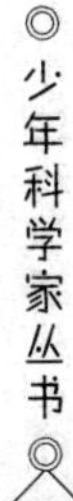

于是，她做了几个叶片的徒手切片，制成临时装片，放在显微镜下观察，发现叶片正面表皮的下面，有许多圆柱形细胞与表皮呈垂直方向排列，这部分叫栅栏组织。这些细胞含较多的叶绿体，细胞排列整齐，有1～3层或更多层；另一部分在栅栏组织下和下表皮之间，这部分叫海绵组织。细胞呈不规则的形态，排列疏松，细胞之间的间隙比较大，细胞内含的叶绿体较少。

"噢，问题就在这里。"刀嘴李观察了几个双子叶植物叶子的徒手切片，自言自语地说，"正是这两种不同的细胞层，从而使叶片正面的密度大，叶片背面的密度小。这样，叶子落下时，正面因密度大而朝下，背面因密度小而朝上。"

刀嘴李通过观察落叶还发现一个问题：同一棵树，同一根树枝，落叶有先有后。总是枝条基部的叶片先落，然后渐渐延伸到枝梢，越到枝梢的叶子枯落越迟。她做了这样的记录："泡桐树枝条基部叶片9月份就开始脱落，而枝梢叶片要在11月份才脱落，相距有两个月之久；水杉树枝条基部叶片10月份脱落，枝梢叶片11月中旬才脱落，相距也有一个半月。"

对这个问题，刀嘴李久思不得其解，问智星吴："同一棵树的叶片脱落为什么有先后呢?"

智星吴经过一番研究，对刀嘴李说："我考虑有3个原因：一是每棵树的枝条总是先长出下部的叶子，基部叶片长得早，落叶也早；二是叶能制造有机养料，供自身需要。当树梢上部的叶片遮住下部的叶片时，下部叶片制造养料的功能减弱，也容易早衰脱落；三是植物在生长过程中，为了多得阳光和空间，总是把大量的养分送到顶端或树梢去，促进自身生长和向空间发展。所以，长在树梢的叶片能得到较丰富的养分供给，生长的时间较长，比起基部的叶片就落得迟。”

“说得很有道理。”刀嘴李点头称是。

21 大棚里请“媒人”

这天午餐，智星吴在学校食堂买了一份糖拌西红柿，吃了几口后，对胖子于说：“大棚里栽种的西红柿味淡不甜，不好吃，你说这是什么原因呢？”

“西红柿同其他植物一样，”胖子于说，“在发育过程中需要充足的阳光，作为植物体进行光合作用的动力，来制造大量的营养物质，并在果实内部积累更多的有机物。在大田里栽培的西红柿植株，果实发育成熟期正好是阳光充分的夏天，完全能满足植株的要求。大棚则另当别论了，温度和水分通过人为方法调度，虽然可以保证温度、水分和植物对无机盐的吸收，但其光照条件就远不如夏季露天种植的优越了，这样，果实内部积累的有机物就相对少些，结出的果实往往含水分多而含糖量低，从而变得味淡而不甜。如果用人工方法来提高光照强度，又会增加成本。”

“哎，你们说大棚里的西红柿，倒使我想起一件事来。”瘦子王说，“有一次，我到郊区姨妈家去，她接近中午才回家并且显得十分疲劳。我便说：‘姨妈你做什么事竟累成这个样子?’”姨妈叹了口气说：‘唉，都是叫那大棚累的，我怕西红柿授粉不好，在大棚里蹲着给那些边边角角的西红柿授粉。’她一边说着，一边捶着腰。她又说：‘你们能不能想个办法，使我不再干这个授粉的活啊!’当时，我说：‘姨妈，这你先别发愁，我一定会给你想办法的。’谁知学习一忙，我竟把这件事给忘了。你们今天提到大棚里的西红柿，倒使我忽然想起这件事来。”

“对，这确实是一个问题。”刀嘴李说，“在自然界，植物开花之后，会招来各种各样的昆虫，昆虫在采蜜的过程中就会帮助传粉，不用担心授粉问题。现在的塑料大棚，一张塑料薄膜把植物与昆虫隔开了，植物授粉的几率大大降低了。再说，这时外面温度低，也没有昆虫啊!”

“哇！刀嘴李的一席话使我茅塞顿开。”瘦子王说，“我可以叫姨妈去买一箱蜜蜂，因大棚里的温度高，可以让蜜蜂来帮她传粉啊!”

“对呀！瘦子王，你这个主意出得好!”快手张说，“当西红柿开花时，放出蜜蜂，成群的小蜜蜂在花丛间不停地飞来飞去，它们一会儿落在这朵花上，一会儿又钻到那朵花里，在采蜜的同时，就会把一朵花上的花粉传到另一朵花上，这就为植物传了粉，成了植物的‘义务授粉员’。”

“据介绍，经过蜜蜂授粉后的农作物均可大幅度地提高产量。”胖子于说，“向日葵可增产 40%，棉花可增产 12%，油菜可增产 26%～30%，果树可增产 40%～50%，荞麦可增产 43%，大豆可增产 11%，增产幅度最大的是西瓜，可达 170%。更为奇妙的是，经过蜜蜂授粉，不但能提高农作物产量，品质也会变好。例如，经过蜜蜂授粉后的油菜子，其出油率可以达到44.8%；经过蜜蜂授粉后的水果，不但个体大，而且颜色鲜艳，果肉丰富。”

“说起蜜蜂传粉来，我倒想起一件事来。”刀嘴李说，“有一则报道说，日本在每 300 平方米温室里会专门配置一群蜜蜂来为草莓授粉，其产量提高 1 倍以上。”

“呵！让你们这么一说，我应赶快把大棚中放蜜蜂这件事告诉姨妈，使她老人家从繁重的体力劳动中解脱出来。”瘦子王兴致勃勃地说。

“对！这可是一种行之有效的方法，何乐而不为呢！”快手张十分赞同。

智星吴深受感染，大声朗诵起来：

鲜花开放蜜蜂来，
蜜蜂鲜花分不开；
蜜蜂生来恋鲜花，
鲜花为着蜜蜂开。

22 新年晚会

一年一度的新年联欢晚会又要到了，同学们在课余时间各自准备节目，有的唱歌，有的朗读，还有的说相声，热闹极了。这可急坏了少年植物学家们，出什么节目好呢？于是，他们冥思苦想，终于想出了一些独出心裁的节目。

联欢会上，唱歌、跳舞、相声、小品一一出台，一阵又一阵的掌声使欢乐的气氛达到高潮，同学们开心极了。少年植物学家们不动声色地坐在那里。当联欢会接近尾声时，刀嘴李和快手张不慌不忙走到台前，向大家鞠了一躬，说："我们给大家表演压轴好戏——魔术。"

顿时，掌声雷动，经久不息。

魔术开始了，只见刀嘴李从身后拿出插白纸花的瓶子放在桌上，快手张拿水枪向纸花喷水，顷刻之间，白花变成了红花。刀嘴李举着红花说："新年献礼！"又是一阵掌声。下面的同学来了兴致，大声喊道："你还能把它变成白花吗？"快手张右手举起另一支喷水枪向红花喷水，红色渐渐退去，花又变成了白色。

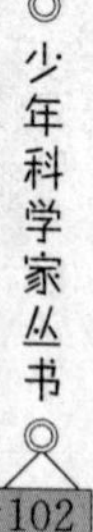

“哇！这是怎么回事呢？”同学们议论纷纷。

刀嘴李解释说：“我们事先用一张吸水性较强的白纸做成一束花，然后将花浸泡在无色酚酞试液中，过一会儿取出晾干。表演时，第1支喷水枪喷出的是氢氧化钠（NaOH）溶液，因为无色酚酞试液遇碱溶液变红，白花就变成了红花；第2支喷水枪喷出的是盐酸（HCl）溶液，它与氢氧化钠发生反应，$HCl+NaOH=NaCl+H_2O$，待花上的氢氧化钠溶液消耗完后，因为生成的氯化钠（NaCl）溶液呈现中性，不能使无色的酚酞试液变色，花就又变成了白色。”

就在刀嘴李和快手张表演魔术的当儿，胖子于和瘦子王也在加紧准备。只见，胖子于将一小块酚酞片放在汤匙里研成粉末，加入少量酒精，配成无色透明的溶液，倒入小烧杯中待用。瘦子王在另一只烧杯中盛水，并加入生石灰，用玻璃棒充分搅拌，待一会儿，取上层澄清溶液，倒入另一只小烧杯中。一切准备妥当，正好刀嘴李和快手张表演结束了。

只见胖子于摇摇晃晃地走上讲台。他左手拿盛石灰水的小烧杯，右手拿盛无色酚酞溶液的小烧杯，向大家鞠了一躬，说：“祝大家新年快乐！”赢得一阵掌声。“我今天为大家表演的是：清水—果汁—牛奶—清水。会看的看门道，不会看的看热闹。下面我就献丑了！”

胖子于示意两杯都是清水，说："两杯混合在一起就可形成'果汁'。"胖子于将两杯清水倒成一杯，杯中液体果真变成果汁般的红色了，观众高兴得鼓起掌来。胖子于又说："只要我向杯中液体吹气，就可使果汁变成牛奶。"说完他将一根塑料管插入"果汁"中，用嘴向里吹气，大约1分钟，果然变成了牛奶状白色乳浆。观众看得兴致勃勃。胖子于更是满面春风，神气十足地说："我再向杯中吹气，牛奶会重新变为清水。"观众觉得十分神奇，个个瞪大了眼睛。胖子于再次吹气，1分钟左右，一杯清水重新展现在观众面前。大家佩服胖子于的魔法高明，再次响起热烈的掌声。

"胖子于，请你介绍一下魔法。"有人大声喊了起来。

胖子于微微点头，说："还用劳我的大驾吗？还是请徒弟瘦子王解释吧！"说着用手做出请的姿势。瘦子王悄然入场。这一胖一瘦，形成极大的反差，顿时，把观众引得哈哈大笑起来。

瘦子王向大家鞠了一躬，说："胖子于起初一杯是酚酞酸碱试剂，一杯是石灰水，它是碱溶液，两者相混，即显红色，即'果汁'。吹入二氧化碳后，它和石灰水发生化学反应，溶液变中性，红色消失，生成乳白色浑浊物（碳酸钙和水），即'牛奶'。再吹气，二氧化碳和碳酸钙发生化学反应，乳白色浑浊物消失，生成能溶解于

水的碳酸氢钙，即最后变成‘清水’。”

接下来，是智星吴为大家表演魔术：红萝卜变蓝萝卜。

智星吴拿出一只红萝卜，用粗糙的干布搓小红萝卜，并均匀地擦去小红萝卜的表皮。再在一只茶杯中放入一小包碱面，并用热水将碱面冲开，放在桌子上。然后，他对观众说：“我只要把擦好的小萝卜放入水里浸泡一下，两分钟就可以让红萝卜变成蓝萝卜。”说着，他把小红萝卜放入水中，等了一会儿，拿出来让观众看，“呵！红萝卜变成蓝萝卜了。”大家惊奇地说。

“你这是玩的哪一招儿？”有人问。

智星吴说：“萝卜皮里有植物色素，这类物质大多能与碱性或酸性物质发生化学反应而改变颜色。化学上就是利用这些植物色素制成专门的植物性指示剂的。”

最后一个魔术由瘦子王表演。他说：“这是一张白纸，什么也没有，我在蜡烛上一烤，白纸上就会出现字，不知大家信不信？”说着手拿白纸让观众看了正面看反面。

接着，他手拿白纸在蜡烛上烘烤起来。口中说着：“变、变……”不一会儿，白纸上便真出现了“新年快乐”4个字。

“这是怎么回事呀？”有些人嚷了起来。

瘦子王说："我将葱白捣碎挤出汁液，滴在小盘里，再用毛笔蘸葱汁在白纸上写下'新年快乐'4个字，过一会儿，当葱白汁的水分蒸发掉、白纸变干后，就成了什么痕迹也不留的白纸。其实，葱白的汁液能和白纸发生化学反应，产生一种类似透明的物质。这种物质的着火点要比白纸的着火点低一些。因此，把这张白纸放在火上烤时，有葱汁的地方就首先烧焦，显现出棕色，字迹就出现了。"

"那你为什么还说变、变、变呢?"

"那叫故弄玄虚、制造气氛呀!"瘦子王乐哈哈地说。

顿时，全场再次响起热烈的掌声。

23 桃红柳绿何时来

一九二九不出手，

三九四九冰上走，

五九六九绿上柳。

七九河开河不开，

八九雁来雁准来。

九九加一九，

耕牛遍地走。

这是我国北方人民唱了不知多少辈子的“九九歌”。

智星吴注重物候学，对这首“九九歌”很熟悉。在少年植物学家小组会上，他说：“物候学也叫生物气候学，是研究生物的生命活动与季节变化的一门科学。如分析比较不同地区植物冬芽萌动、放叶开花、结实落叶的日程或动物的蛰居、复苏、始鸣、交配、繁殖、换羽、迁徙等活动与气候节令的关系。”

“对呀，研究物候学的目的在于掌握自然变化的规律，了解气候变化对生物的影响，以便为生产实践服务。”刀嘴李说。

“物候学能直接说明节气与种植的关系。”瘦子王说，“像‘清明前后，种瓜点豆’、‘枣芽发，种棉花’、‘头伏萝卜二伏菜，三伏里头种荞麦’等等，就是最好的说明，这些谚语提醒农民不要误了农时。”他受姨妈的影响，对物候学也很有研究。

“提到物候学，不能不让我们想起卓越的气象学家和地理学家、我国近代气象学奠基人竺可桢（1890～1974）先生。他早年留学美国，立志攻读气象学，回国后，投入中国气象科学研究，在台风、季风、物候、气候变迁等方面取得了举世瞩目的研究成果，在全世界产生了重要影响。他经常一个人到公园去考察一草一木与气候的关系，为我国物候学的建立和发展，为我国的经济建设做出了巨大贡献。”胖子于怀着崇敬的心情说。

“你提到竺可桢，这使我想起了他给大自然记的日记。”快手张说着，找出读书笔记，生动而翔实的记录展现在少年植物学家们的眼前：

3 月 12 日，北海冰融。

3 月 29 日，山桃始花。

4 月 4 日，杏树始花。

4 月 15 日，紫丁香始花。

4月20日，燕始见。

5月1日，柳絮飞。

5月23日，布谷鸟初鸣。

……

快手张说："物候学与农业生产有非常密切的关系。我记有这样的读书笔记：1962年春天，北京郊区花生播种以后，受到严重冻害。究其原因是由于农民按照与前两年相同的日子播种。这使农民不理解，为什么前两年没有发生冻害，而这一年却发生冻害了呢？只要翻开竺可桢给大自然记的日记，这个问题就迎刃而解了：1962年北京的山桃、杏树、紫丁香开花的日子，比1961年迟了10天，比1960年迟了五六天。这一物候现象足以说明，1962年的农业节气推迟了，花生播种日期也就应该相应地推迟才对，否则，很容易遭受冻害。"

"物候现象与农业生产关系十分密切。"刀嘴李说，"山桃吐红，垂柳泛绿，这种物候现象的出现告诉人们，春耕季节就要到了，农民可根据这些现象忙于春耕。那么，今年的山桃什么时间绽放、垂柳哪天看绿，如果能够预测就好了。"

"你这个问题提得好。"快手张兴奋地说，"桃红柳绿是完全可以预测的。因为在大自然中，各种物候现象的

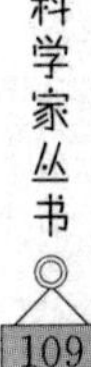

出现是有一定的顺序相关性的。荷花总是绽放在菊花之前，山桃花不可能开放在紫丁香之后。而且在一年之中，如果某种物候现象推迟了，那么，后来发生的物候现象也将推迟。反过来说，某种物候现象提前发生了，其他的物候现象也将提前。科学家们正是在掌握了这种物候现象的基础上，通过大量观察，终于找到了预测桃红柳绿发生时间的方法。

“当然，这种预测必须拥有大量的观察资料，选择比较有代表性的植物作为参照物，一般人们选榆树作为观察对象。即连续几年观察当地榆树始花的时间，得出平均始花期。然后再观察今年榆树的始花期，并从元旦之日起计算今年榆树始花天数。最后可按照下列公式计算。

公式 1：1.01×今年榆树的始花天数+10.65

公式 2：0.97×今年榆树始花天数+16.6

公式 3：1.08×今年榆树始花天数+0.55

“有了今年榆树始花天数，那么，选用哪个公式为标准呢？

“当然，既然有 3 个公式，就有 3 个使用标准。如果今年榆树始花日期和历年观察的平均始花日期明显提前，则用公式 2；如果今年榆树始花日期和历年观察的平均始花日期明显落后了，则用公式 3。按公式计算得出的结果，就是所预测的今年山桃花开放、垂柳吐芽所需的天数，也就是从 1 月 1 日开始计算的天数。这很容易理解，因计算的起点是元旦之日。”

“你给我们举个例子吧。”刀嘴李说。

“好吧！”快手张说，“例如，榆树平均始花日期是 3 月 25 日，今年榆树始花期是 3 月 24 日，两者基本一致，就按公式 1 计算，今年榆树始花天数为 1 月 1 日到 3 月 24 日，总共 83 天。这样代入公式 1：1.01×83＋10.65＝94（天）。即今年桃红柳绿的时间在元旦起第 94 天左右，也就是在 4 月 4 日左右。”

“呵！这种方法不错，掌握了它，如同诸葛亮的神机妙算，不仅会算人，还会算物候现象呢！”刀嘴李兴冲冲地直嚷，“那么怎样为研究物候学做些工作呢？”她对物候学来了兴趣。

“搜集有关气象资料倒不难，可通过每天的报纸、广播、电视等传播媒体获得。”快手张说，“重要的是生物活动资料的获得，这就要靠自己的观察和记录了。首先要选择好观察地点，像公园、树林等地的小气候，选择要由点到面。还要不断熟悉各种生物的名称、习性和彼此之间的关系，这样才能使观察记录准确可靠，并注意把每天的气象资料与生物资料记在一起，这样或许能发现它们的必然关系。

“还有一点更重要，这就是要持之以恒，因为科学研

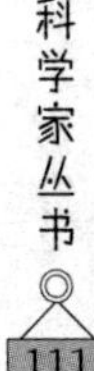

究是一项艰苦的劳动，不仅需要知识，更需要坚强的毅力和追求科学的进取精神。微生物鼻祖巴斯德先生说得好：'立志、工作、成功是人类活动的三大要素。立志是事业的大门，工作是登堂入室的旅程，这旅程的尽头就有成功在等候着，来庆祝你努力的结果。'"

被快手张的话语所感染，智星吴说："我朗诵郑板桥的一首诗，与大家共勉。"

咬定青山不放松，
立根本在破岩中。
千磨万击还坚劲，
任尔东西南北风。

24 种子发芽早知道

在一次少年植物学家小组会议上，瘦子王说："郊区我姨妈满怀希望地播了3次春大豆，结果前两次的发芽率都在40%左右。第3次补种，从种子站买来种子，发芽率达到了99%。我姨妈抱怨说：'我自己留的豆种粒大，无霉变，无虫蛀，在水泥地上晒过，又特意放在酒坛子中贮藏，没想到怎么会出苗这么差呢?'我告诉她，等我回去研究一番。大家说说，这是怎么回事呢?"

"豆种粒大，无霉变，无虫蛀，发芽率又低，我看主要是贮藏的问题。"智星吴说，"要不我们做个实验来验证这个问题。"

"大家想想看，怎样设计这个实验呢?"刀嘴李说。

"我想既然是种子在水泥地上晒的，又是用酒坛子盛的，主要应从这两个方面考虑。大家分析一下，这种假设对不对?"瘦子王依据问题，提出了自己的看法。

"英雄所见略同，我也这么考虑。"刀嘴李爽快地说。

他们找来大豆种和4只大小相同的塑料花盆、竹签，取同一块地的土，还有瘦子王姨妈家酿的米酒。花盆按

1、2、3、4 编了号并分别填了同样多的土。

刀嘴李和快手张先动手，分两种方式“侍候”豆种：一是用米酒浸泡豆种 5 小时，然后曝晒在水泥地上；二是豆种不用酒浸泡，而且用纸板垫晒。

第 1 组：编号①，种 10 粒用酒浸泡 5 小时的曝晒豆种；编号②，种 10 粒用酒浸泡 5 小时的垫晒豆种。这组实验由刀嘴李和快手张主持。

第 2 组：编号③，种 10 粒没有用酒浸泡的曝晒豆种；编号④，种 10 粒没有用酒浸泡的垫晒豆种。这组实验由智星吴、胖子于和瘦子王主持。

10 天之后，豆种陆续发芽，少年植物学家作了记录，并在小组会上作了交流。胖子于说：“第 2 组中编号④，第 10 天有 8 粒种子拱出；第 11 天又有 1 粒拱出；第 12 天最后一粒也拱出来了。编号③，第 10 天没有种子拱出，第 11 天有两粒拱出，第 12 天有两粒拱出，第 13 天有 1 粒拱出，第 14 天萎缩了。”

接着，刀嘴李介绍了第 1 组实验情况。她说：“编号①、②到第 15 天仍没有发芽，第 16 天，用竹签掀开泥土，发现编号①大部分腐烂，编号②大部分开始霉变。”

智星吴总结说：“实验表明：用酒浸泡的种子和在水泥地上曝晒的种子发芽率明显比在纸板上翻晒的种子低。大家想想看，这是什么原因呢？”

“做实验期间，我查找了有关资料并请教了有关专家，终于弄清了这个问题。”瘦子王侃侃而谈，“盛夏中午水泥地上温度可高达60～65℃，这对种子的生命力有着直接的影响。实验表明，若超过50℃，温度每增加5℃，种子的寿命就会缩短一半。现在分析起来，我姨妈的豆种晒在水泥地上，影响了种子的寿命。还有酿过酒的酒坛子，残存着乙醇分子，这对种子内的蛋白质有巨大的破坏作用，而蛋白质又恰恰是种子萌发必需的物质条件。这就是两次发芽率都在40%左右的原因所在。”

“瘦子王分析得很有道理。”刀嘴李说，“这个问题也启示我们，种子不应曝晒在水泥地上，也不应将种子放置在酒坛、石灰缸等对种子生命力有破坏作用的器具中，而应放在通风透气的地方。这个问题应告诉农民伯伯。”

“是呀，每年都有不少农民伯伯吃了种子的亏。”快手张说。

“对啦！我前几天看了一则报道，‘种子坑农事件’，农民的悲伤深深震撼了我的心。当时我想，如果能找到一些简单易行的方法快速测定种子的发芽率和品质，让种子‘开口说话’，为农民服务，那该多好啊！”刀嘴李说。

“刀嘴李，你的建议正和我的想法相吻合。”瘦子王说，“农民受到种子的坑害，后果不堪设想。这将影响一

季的经济收益，尤其是那些贷款种植面积大的人，情况更惨。”

“对，我们应寻找一些简便易行、快速可靠的方法，来检验种子的发芽率和品质，为农民服务，避免农民吃亏上当。”

于是，少年植物学家纷纷行动起来，查找资料，请教有关专家，终于有了眉目。他们选择小麦、玉米、菜豆、绿豆、萝卜、白菜 6 种北方地区常见的种子作为实验对象，共设计了 4 组实验，实验后交流。

智星吴说：“我们首先用常规方法测定种子的发芽率，以作为对照组。”

“我用的是 BTB 法。”刀嘴李介绍说，“活细胞在进行呼吸作用时，放出二氧化碳，可使种胚周围呈酸性，引起碱性的溴麝香草酚蓝（BTB）变色，让‘变色点’告诉你发芽率。只是应该注意：一是不同的种子浸种的时间不同，一般在 4～8 小时；二是显色培养时间在2～4小时；三是 BTB 琼脂凝胶应该现用现配，倒入培养皿后及时埋种，否则，水分易丧失，影响准确率。这种方法适应范围广，准确率高，但相对麻烦。”

“我用的实验药品比较简单，是红墨水，也就是红墨水染色法。”快手张说，“其原理是活细胞的原生质膜具有选择性吸收物质的能力，而死的种胚细胞原生质膜则丧失这种能力。活种子会对红墨水说：‘对不起，我不需要你。’自然，红墨水进不到种子的胚中，而死种子对红墨水的侵入则无能为力，任其自然进入。”

“嗨，快手张红墨水染色法的原理有趣。”刀嘴李笑着说。

“具体说来，红墨水染色法可分4步。”快手张继续介绍说，“第1步，配制5%的红墨水。取红墨水5毫升，加95毫升自来水。第2步，浸种。将待测种子在30～35°C温水中浸种，一般为6～8小时。第3步，染色。取已吸胀的种子200粒，沿胚的中心线纵切为两半，将一半放于培养皿中，加入5%的红墨水，以淹没种子为度，染色5～10分钟。可用沸水杀死另一半种子，作为对照观察。染色后，倒去红墨水，用自来水反复冲洗，直到冲洗液无色为止。第4步，检查种子死活情况。凡种胚不着色或色很浅的为活种子，凡种胚与胚乳着色相同的为死种子。计算种胚不着色或着色浅的种子数，从而算出发芽率。”

“你这种方法不需用特殊试剂，操作简便，准确性又高，很值得在广大农村推广。”智星吴一语中的。

“我们加以宣传。让农民都掌握这一技术，就不会吃亏上当啦！”快手张说，“为了万无一失，我们可以介绍一种测算种子发芽率的公式：

$$发芽率=\frac{各组萌发的种子数之和\div组数}{100}\times100\%,$$

发芽率在 90%以上，才可作为种子。

智星吴在宣传材料上，动用自己的文学天赋写道：

种子落地发了芽，

农民心里乐开花；

播种之前要催芽，

几种方法来检查；

把好选种这一关，

苗齐苗壮乐哈哈。

㉕ 一朵双色花

绿草如茵，鲜花怒放，把大自然装扮得更加妩媚动人。

“这花儿确实可爱。”快手张拿着一朵月季花说，“春桃一片花如海，千树万树迎风开。花从树上纷纷下，人从花底双双来。”她背诵起诗人白居易1 000多年前的《买花》诗。

刀嘴李受到感染，背起但丁《神曲》中的名句：“我向前走去，但我一看到花，脚步就慢下来了……”

“我说刀嘴李，你可别慢下来，我们还是快做实验吧！”快手张打趣地说。

“对！我们不要瞎扯了，应该动手实验。”

快手张和刀嘴李要做双色花实验。她们准备了一枝正在开放的马蹄莲、两只玻璃杯、一瓶红墨水、一瓶蓝墨水和小刀等。

“我是这样设计的。”快手张说，“将马蹄莲的梗劈成两半，一直劈到离花朵10厘米处为止。这个实验要注意安全，不要被小刀割破手指。”说着，她很利索地完成了

这一步。

“然后，在两只玻璃杯内各装上半杯清水，再分别倒入一些红墨水和蓝墨水，使其溶液一杯变红，一杯变蓝。再把马蹄莲的梗一分为二，分别插入装有红墨水和蓝墨水的玻璃杯中。”快手张一边说，一边实验。

“不过，你不要心急，心急吃不了热豆腐。”快手张提醒刀嘴李。

“这还用说吗？水分总要有个输导过程呀！它总不能同你快手张实验那样，手脚十分麻利。”刀嘴李对快手张的说教似乎有点儿不满。实际上，刀嘴李可是个有心人，她为了做好这个实验，查了不少资料，就连化学上的有关花的实验她也查过。这时，她灵机一动，说：“趁这段时间，我还是给你讲一个两色花的故事吧！”

快手张本来就爱听故事，常常听得入迷，一听刀嘴李要讲故事，还要讲一个实验故事，她立即来了精神，就说：“我洗耳恭听。”

“我要讲一个波义耳学生的故事。”刀嘴李说，“波义耳，你知道吗？”波义耳是17世纪英国著名的化学家。他非常重视实验，是他最早把科学实验提高到化学研究的重要地位。他说：‘如果没有实验，任何新东西都不可能深知。’因他为元素下了一个科学定义，伟大导师恩格斯赞誉波义耳是‘把化学确立为科学的人’。有一次，他的一个聪明的学生做了一个有趣的实验：摘了一朵刚开放的紫色牵牛花，把花下面带的枝条从中劈成两半，分别浸入两只装有食醋和稀碱液的烧杯中，一段时间以后，紫色的牵牛花变成了两色花——一半由于吸收了有醋酸的水而变红，另一半吸收了碱液而变成蓝色。当学生拿这朵花给波义耳看时，波义耳恍然大悟，这就是说紫色花遇酸大多变红，遇碱可变蓝。这个实验就是有名的两色花实验。”

“哇，刀嘴李，你对这个实验有更进一步的研究。刚才，我在鲁班面前耍大斧了，不好意思！”快手张惊讶地说。

“得了吧！你快手张以手到、眼到而出名，我岂敢与你相比。”言语中带点儿揶揄。

谈笑间几个小时过去了，她们惊奇地发现：一朵白色的马蹄莲摇身一变，成了一朵罕见的双色花：一半变成红色，另一半则变成蓝色。

当然，实验原理不难解释。

快手张说：“通过这个实验可以知道，植物用自己的根从土壤中吸收水分和无机盐，再通过茎向上输送，传到叶、花和果实中。在这个实验中，玻璃杯中有颜色的水通过马蹄莲梗中的导管向上输送，最后

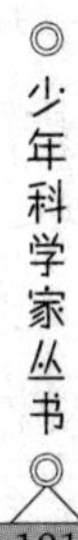

到达花瓣上。”

“是啊，如果我们把马蹄莲的梗纵切，将变红和变蓝的部分分别制成切片，就可以看到它的导管啦！”刀嘴李说。

“那我们就制成切片，在显微镜下看一看马蹄莲的导管。”

“好吧，我做红的，你做蓝的，我们比赛一下，看谁做得又快又好。”

两位少年植物学家又投入实验中。

26 秘密通信

一天，班级报刊发放员王大力递给智星吴一封信，他接过一看，上面只写着“烦交智星吴收”。字写得比较秀丽，似乎出于女性之手。智星吴拆开一看，一张信纸上只有 3 个字：“殿爷见”。

“混蛋!”智星吴说，“是谁在搞恶作剧呢!”说着，把只有 3 个字的信递给身边的胖子于。

胖子于看着信，反复地念着：“殿爷见，殿爷见……”忽然高兴地说：“哎，智星吴，这是不是一种谐音呢。我认为这可能是一种密信，下面注的是看这一密信的方法，‘殿爷见’是不是‘碘液见’呢?”

经胖子于这么一提醒，智星吴如梦方醒，把手一拍说：“对呀！对呀！这就是说，要看这封信要用碘液才行。”

“走，我们到实验室找碘液去。”胖子于来了兴趣，想知道这封古怪的信写了些什么内容。

他们到实验室一看，不巧的是碘液竟用完了。

“这可怎么办呢?”胖子于犯难地说。

"我们只好自己想办法啦!"智星吴说,"海生藻类含有碘的成分,比如海带和紫菜等都含有碘,我们可以用酒精灯加热煮沸,获得含有碘的液体。"

"伙房里有海带,我去找一点儿。"快手张说着向伙房跑去。

很快,海带找来了。

智星吴和胖子于找来三脚架、酒精灯、石棉网、烧杯,在烧杯中加入切碎的海带,加上 1/3 的水。待沸腾半小时后,用镊子夹下冷却,捞去海带沫,得到一杯略带浅黄色的溶液。

智星吴便用毛笔蘸着液体,在信纸上一排一排地刷起来。

"呵,字果真显示出来了。"智星吴高兴地说。

胖子于急忙拿起信纸,十分秀丽的蓝色字映入眼帘:

智星吴、胖子于和瘦子王:

祝贺你们!你们能见到这些文字,说明你们费了一定的脑筋,敢想敢干,勇于探索,不断创新。能读懂密信的确不简单,祝贺你们选对了方法。

有这么一桩美事,双休日,刀嘴李伯父的

车要到无名山去旅游，还剩2～3个座位，因此想到了你们3位男士；但转念一想，这样的好事又不能双手白送给你们，要想个办法难一难你们，于是，我们想出了这个办法。你们能看懂这封信，就作为奖励，定于本周六在飞鸽立交桥集合，6点钟正式出发。船开不等客，莫错过良机哟！

如你们无法读懂这封信，就作为一次对你们的惩罚，失去了这次免费旅游考察的机会。

刀嘴李　快手张

“哈哈！”胖子于开怀大笑起来，“我们差一点儿坐失良机了！”

“这么说来，那两个黄毛丫头是用米汤写的。”智星吴说，“因为海带煮沸以后，液体里会含有碘，碘遇到淀粉后就会变成蓝色，淀粉遇碘变蓝这是淀粉的特性。我就是从遇碘变蓝这一现象中推测出来的。”

“对，你分析得很对。”胖子于完全赞同。

智星吴、胖子于和瘦子王盼望的时间终于到了，星期六一大早他们就来到飞鸽立交桥等候。过了一会儿，他们看见刀嘴李和快手张竟端着一盆金银花来。胖子于

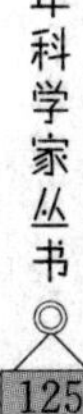

问："外出旅游，你端一盆花来干什么?"

"这你就不懂了吧?"刀嘴李说，"我到过两次无名山，它海拔450米，那里生长着野生的金银花。我总觉得高山上的花特别美，为了考察这个问题，我特意带来一盆金银花，进行对比观测，这叫旅游和高山考察两不误、一箭双雕。"

"想不到你刀嘴李越来越精明啦。"智星吴佩服地说，"来，我给你端花盆。"刀嘴李伯父的车按时来接走了少年植物学家们，他们一路欢声笑语，唱起了《光荣啊！中国共青团》：

我们是五月的花海，
用青春拥抱时代；
我们是初升的太阳，
用生命点燃未来。
五四的火炬，
唤起了民族的觉醒；
壮丽的事业，
激励着我们继往开来……

刀嘴李说："我给大家讲一个李白妙答乡绅的故事

吧。李白（701～762）是唐代诗人，公元715年的春天，14岁的李白已经在南浦（今重庆万州）名扬全城。有一位姓胡的乡绅不学无术，却爱附庸风雅，在他50大寿之际，宴请全城富户名流，并请‘神童’李白赴宴。酒席间，胡乡绅想表现一下自己，寻机讽刺爱好喝酒的李白，就指着墙壁上挂的一幅画让众人看。众人一看画上有一个老神仙，怀中抱着一只大酒坛，睡在岩石上，不知是醉了还是睡了，坛口朝下，酒顺着坛口往下流。胡乡绅装腔作势地说道：‘**酉加卒是个醉，目加垂是个睡。老神仙怀抱酒坛枕上偎，不知是醉还是睡。**’众人一听，不由得暗地里替李白担心。李白不慌不忙地指着肥胖如猪的胡乡绅答道：‘**月加半是胖，月加长是胀。胡乡绅挺起大肚子当中站，不知是胖还是胀。**’”

在少年植物学家们的谈笑声中，车已行至无名山下。他们端着花盆向海拔450米的无名山爬去。

春夏时节，一片翠绿，山花烂漫，大自然十分娇美。

“前面有一片野生的金银花！”瘦子王高喊起来，“快加油爬啊！”

爬到那里，少年植物学家们对两种不同环境里生长的金银花进行观察，并做了花、根、茎、叶的对比测试。

比较项目	家养金银花	野生金银花
根	粗短壮，颜色较浅，呈褐黄色。	长细而多，颜色较深，根质气味特浓。
茎	长1.38米，粗，含水多。	长0.85～1.24米，细,含绿色汁较浓。
叶	绿色较浅，叶毛粗而细薄，叶脉十分明显。	叶色鲜艳特绿，叶毛细而多。叶子较家养的小，长卵形突出。
花	呈管状，白色明显，花香传2～3.5米远，花粉黏性差。	呈管状，白色中带有较多紫斑，香味浓，能传3.2～4米远。

刀嘴李高兴地说："这次旅游非常有意义，使我得出'高山上的花特别美丽'的结论。"

后来，刀嘴李查阅资料，终于明白其中的道理，她说："高山上的空气比较稀薄而透明，阳光中的紫外线比平地上强得多，会妨碍植物生长。同时阳光比较强烈，被植物反射出来的色光大大增多，从而使高山上的花朵更加鲜艳、美丽，香味更加浓厚。"

"是啊，花朵中有制造香味的工厂——油细胞，油细胞能不断地分泌出具有香气的芳香油，芳香油在旷野中很容易挥发。尤其是在白天，花朵经太阳晒热后竟放幽香，故而香气扑鼻。"智星吴解释说。

这真是一次收获颇丰的旅游啊！

27 人工辅助授粉

刀嘴李吃着“脆脆牌”瓜子，挑逗地说：“诸位，这袋瓜子好香好脆哟，看着就要流口水了。馋不馋呀？谁能猜出我出的谜语就给谁吃，否则，就只好委屈猜不出的流口水啦！”她吃完一颗瓜子，咂咂嘴说道：

高高个儿一身青，
金黄脸儿笑盈盈；
天天随着太阳走，
黑黑面孔钉满钉。

“就这招儿？”快手张说，“你听好了，我出的谜语的谜底也就是你的谜底。”只听她说道：

四月有人把它栽，
八月金花自然开；
早向东来晚朝西，
面对太阳笑开怀。

“不就是向日葵吗?”瘦子王抖出了谜底。

“刀嘴李，你别高兴地只吃瓜子，你可知道向日葵花盘是如何转动的?”胖子于问。

“你问这个呀?”刀嘴李轻松地说，“不是我卖关子，对于向日葵的转动，我可做了认真的研究。告诉你吧。一般情况下，花盘早晨向着东方或东南方，中午近南方，午后偏西南方，傍晚向西南方或西北方，午夜变为正中，以后逐渐移向东南方。不信的话，我具体说出以下数据给你们听。花盘的倾斜度在清晨以前、傍晚以后都大于25度，清晨至傍晚之间一般小于25度，午夜至2时左右，由于花盘和整个植株同地面垂直，倾斜度约等于零。花蕾出现前和出现后，转动的情况是有差别的。当向日葵形成果实之后，一般就丧失了转动的能力。这时，除了前面有遮蔽物外，花盘一般是朝向光线和热量较多的方向，也就是东南方。”

“酷!”胖子于说，“你研究得够深入的。”

“我来问你，”瘦子王说，“你既然对向日葵有研究，一定知道向日葵绕着太阳转的原因吧!”

“对呀，这个问题我也研究过。”刀嘴李说，“我为了研究向日葵朝着太阳转的问题，还特意制作了一具简单的仪器——测向测角仪。从清晨5时起，到晚间8时止，每隔1～2小时，用测向测角仪测定和记录一次，经连日观测才发现了以上结果。在观测的同时，我研究了向日葵转动的生理因素。通过查找有关资料，终于明白，是一种叫生长素的激素分布不均造成的。原来，生长素主要集中在顶端，它的分布主要受光照的影响。例如，单面向光的顶端，生长素大部分分布到背光的部分，它能使细胞生长较快，向光的一面则细胞生长较慢。由于向光和背光部分生长快慢有所差异，结果产生向光部分的弯曲。向日葵花盘对光的转变有着快速反应，这样就跟着太阳转动起来。"

"了不得，士别三日，当刮目相看。"智星吴大加赞赏。

"不敢当，我只是在家中做过研究。"刀嘴李说。

这时，瘦子王吃到一颗瘪瓜子，便说："向日葵籽为什么会有瘪的呢？"

"那是没有受精造成的。"胖子于说。

"如何改变它的受精情况呢？"瘦子王问。

"人工授粉。"刀嘴李说。

"我们研究向日葵人工授粉如何？"瘦子王提了一个建议。

"好——"一听要动手搞实验，大家都纷纷响应。

当时正是向日葵开花授粉的季节，这就省去了种植、萌发、生长、开花的漫长时间。于是，少年植物学家们立即着手，在学校植物园里选了18棵大小差不多的向日葵，分别编上号，1～6号为第1组，7～12号为第2组，13～18号为第3组。

智星吴对大家说："我们对向日葵人工授粉分3组来做实验。第1组进行1次；第2组每隔1～2天进行一次，共进行3次；第3组不进行人工授粉，作为对照实验。"

"用什么作为人工授粉的工具呢?"瘦子王问。

"我已经设计好了，"刀嘴李说，"人工授粉的工具是授粉拍子。我用硬纸板剪一个和花盘差不多大的圆片，上面垫一层棉花，外面扎上纱布，制成一个凸形拍子。"

"什么时间授粉好呢?"快手张问。

"向日葵授粉的最佳时间，"刀嘴李说，"应为上午8～10点露水快干的时候，因为这时候花粉最多，活力特别强，雌蕊受精的机会比较多。如果太早，露水太多，花粉容易粘成块；如果太晚，气温较高，花粉活力就要减弱。这两种情况都会影响授粉的效果。"

"你讲得很有道理。"瘦子王说，"向日葵人工授粉从什么时间开始?"

"向日葵开花时间为8天左右，所以，最好在花盘展开以后3～5天内、有1/3以上的小花开花时进行。这个时机要把握住。"

于是，少年植物学家按照要求，向日葵进行人工授粉。第1组6棵用拍子挨个轻轻地摩擦一个一个的花盘，只进行一次人工授粉。

第2组取相同的“侍候”方式。其中有3棵较近，刀嘴李说：“我用盘面对盘面，分别轻轻相互摩擦，达到传粉目的，其效果和用拍子是相同的。”每1～2天进行一次，用同样的方法进行3次。第3组不进行人工授粉，让其自然传粉，作为对照实验，可以使实验结果更加科学可靠。

夏去秋来，硕果累累的金秋季节到了。

这时，向日葵今非昔比，茎已变黄，下部的叶子枯黄脱落，花盘背面变成黄色，葵花籽的壳变硬，呈现出固有的颜色和光泽，这是向日葵成熟的标志。

少年植物学家们高兴地采收种子。他们把第1组、第2组和第三组的种子分收、称量、计算。最后，刀嘴李对大家说："第1组比第3组增产13.5%，第2组比第3组增产27.3%，对照组空壳较多，原因在于授粉不好。"

刀嘴李的话刚完，立即赢得了一阵掌声，少年植物学家们高兴得欢跳起来。

28 礼尚往来

“刀嘴李，信!”一位男生把一封信递给了她并神秘地一笑。信封上只有“刀嘴李收”4个字，并没有落款。刀嘴李不觉心动脸红起来，心想：“是谁寄信给我呢？打个电话不就行了吗？”

“不是在交男朋友吧？”快手张打趣道。

“去，去！不成为真正的植物学家，我不谈个人问题，难道你还不知道吗？神经病。”刀嘴李反击道。

刀嘴李拆开一看，信纸上光秃秃的，下面只有“红萝卜”3个字。“‘红萝卜’是谁呢？”刀嘴李想，“我们同学之中没有叫这个雅号的呀！”她顿时坠入五里雾中。

“哎，是不是代表一个意思呢？”快手张问。

“对呀！”刀嘴李表示赞同，“是不是写的密信呢？”

“对！用红萝卜试试。”快手张到伙房要了两只红萝卜，用小刀削取红萝卜的红色表皮并收集在研钵中，反复捣压红萝卜皮并加入少量的水。到红萝卜皮成为细碎的糊状物后，得到了一种略带浅红色的红萝卜浸出液。

刀嘴李用洁净的毛笔蘸取红萝卜浸出液将它涂在信纸上，啊！白纸上竟显露出红色的字迹来。信是这样写的：

刀嘴李和快手张：

来而无往非礼也！上次你们请我们3位男士免费旅游，受益匪浅，非常感谢，只是我们无机会表达谢意，这使我们深感不安。这次机会终于来了！

明天下午下第2节课后——课外活动时间，在生物实验室里召开主题研究会——调侃无籽果实，同时品尝由瘦子王准备的特别西瓜。我们3位男士特别欢迎2位女士的光临！恭候品尝！

知名不具

即日

看完信，刀嘴李说："这3位小古怪，告诉我们明天下午活动课开植物小组会议，不就行了吗？拐弯抹角，神秘兮兮的。"

"假如我们读不懂信，就不能前去开会，也就不能去白吃西瓜了。"快手张说，"为什么用红萝卜皮汁能使字变红呢?”

“一时搞不清。”刀嘴李说，“等明天见了面问问他们搞了些什么名堂。”

“智星吴，你们搞啥名堂?”第二天聚会时，刀嘴李一进实验室的门就嚷开了，“你们想考一考我们，是不是？遗憾的是，你们这一招没能难住我们。”

“智星吴，你们用什么写的信啊?”快手张问，“这其中的道理是什么?”

“这是瘦子王用白醋写的，以防在白纸上留下痕迹，这是他挖空心思想出的办法。”智星吴说，“其中的道理还是由瘦子王解释吧。”

“红萝卜皮中含有一种天然色素，它遇到酸性或碱性物质会显出颜色来。你们利用色素的这一特性就能看到白醋密信的内容了。我们只落下‘红萝卜’3个字，想考一考你们的分析能力。可见，你们的分析能力十分过硬，无愧于少年植物学家的称号。”瘦子王侃侃而谈。

正说话间，胖子于已把西瓜洗好、切开，递给每人一块，说：“请品尝。”

刀嘴李毫不客气地接过西瓜吃了一口，说：“嗳，这西瓜好甜呀!”

“呵！这是无籽西瓜，吃起来十分方便，不用吐籽。”快手张爽快地说。

“这无籽西瓜是怎样培育的呢?”刀嘴李问。

“是啊，这个问题值得研究。”快手张随声附和。

“一般植物根、茎、叶的体细胞染色体数通常只为性细胞的2倍，这样的植物叫做二倍体植物。”瘦子王说，“当进行有性生殖时，经过减数分裂，精子和卵细胞的染色体数目减半，当融合为受精卵后，染色体又恢复到原来的二倍体数目。普通西瓜的染色体数目为22条，配成11对，所以能够‘传宗接代’。1939年，日本一位育种专家从百合科植物秋水仙中提取一种植物碱——秋水仙素，浓度为0.01%～0.4%来滴西瓜幼苗，使其染色体成倍增长，由22条变为44条。由于染色体为双数，仍可结籽，这叫‘四倍体西瓜’。然后，又把四倍体西瓜作为母本、二倍体西瓜做父本进行杂交，这样，结出的西瓜体细胞的染色体数目不是22条，也不是44条，而是33条，成为‘三倍体西瓜’。用这种西瓜种子种植，就会得到无籽西瓜。用0.01%～0.4%的秋水仙素溶液浸泡普通西瓜种子，也可获得四倍体西瓜。”

“这么说来，吃上个无籽西瓜很不容易哩!”刀嘴李咂咂嘴说。

“你说得对。”瘦子王说，“无籽西瓜皮较薄，果肉鲜红，含糖量高，沙瓤度好，味道甘甜，很受人们欢迎。生产中采用三倍体西瓜幼苗进行组织培养的方法进行无性繁殖，可以扩大种植面积，从而使更多的人吃到无籽西瓜。”

“无籽番茄也是这样培育出来的吗？”刀嘴李又问。

“不，”胖子于接上了话头，“当番茄雌蕊成熟时，不让它接受花粉，在柱头上涂上一定浓度的生长素溶液，便可以得到无籽番茄。对这个问题，我做了专门研究。”

“不授粉，胚珠中的卵细胞不能完成受精作用，整个子房就会枯萎凋谢，这是一般常识。可为什么要在雌蕊柱头上涂一定浓度的生长素呢？”快手张反问道。

“是这样的。”胖子于又解释起来，“子房发育为果实时需要生长素。一般情况下，雌蕊受粉以后，胚珠在发育成种子的过程中，能够合成大量生长素，以满足果实发育的需要。如果禁止受粉，胚珠不能发育，无法合成生长素，这时需要外来的生长素刺激子房，才能发育为果实。”

“哇！想不到你们研究得这样深入。”快手张说，“那香蕉无籽也是三倍植物体吧？”

“对，”胖子于说，“你吃香蕉的时候注意观察一下，可以从果肉里看到一排排褐色的小点，这便是种子退化的痕迹。”

“在品种繁多的橘子中，有的有核，有的无核。如无核蜜橘就没有核，这种橘子吃起来不但汁多味美，而且入口后易消融。这是怎么回事呢？”

“说到这里，还有一个有趣的故事哩！”胖子于说，“早在公元 14 世纪的时候，日本有一个僧人来我国浙江天台山进香。他见温州一带的柑橘个大籽小，味甜如蜜，就带了些回日本，把橘子种子播种在家乡的土地上。12 年后，橘苗长成了橘树，结出好多金灿灿的果实。人们在采吃橘子时，无意中发现有一株橘树上的果实没有籽。这就是变异。后来，人们就用这株橘树的枝或芽做接穗进行嫁接，从而繁殖出无核柑橘。”

刀嘴李听了上述介绍感慨地说：“想不到无籽果实竟有这么多学问和趣事啊！”

29 植物引种利弊辩论会

教室里，同学们格外活跃，心情十分激动，“植物引种利弊辩论会”几个楷书字在黑板上格外醒目。要知道，这是一次前所未有的辩论会，你说能不激动吗？参加辩论的同学还有几分紧张呢！

教生物的杨老师作为辩论会主席，站在讲桌前，对同学们说：“今天，由我作为主席主持‘植物引种利弊辩论会’。因为我们是以班级为单位的，评委就是下面的同学，正方和反方的同学在讲桌两边，作为辩论席，形式不拘，贵在参与。通过抽签产生出正方和反方。正方是吴强、张兰和王柯，分别是正方一辩、二辩、三辩；反方是李娇、于聪和孙苗，是反方的一辩、二辩、三辩。这些都是我们班的同学，就不一一介绍了。”

“同学们，辩论是一门古老的艺术，”杨老师说，“时至今日人类历史上那些精彩的辩论片段仍熠熠生辉，值得我们借鉴；同时辩论又是一门青春的艺术，因为年轻人以他们特有的朝气、锐气和执著的精神占据着辩论会的主要位置。我们应该有辩论的才能。现在，我们以

‘植物引种利与弊’为题展开辩论。下面辩论开始!”

顿时，全班响起了热烈的掌声。

“下面由正方一辩发言!”主席说。

吴强：在我们的周围有许许多多植物是引进的，尤其是粮食作物。引种产生的经济效益是十分可观的，因此，我们正方的观点是植物引种应大力提倡。

“下面由反方一辩发言!”主席说。

李娇：谢谢主席。正方一辩主张植物引种应大力提倡，不考虑后果地全面引进，本身就是错误的。你们可知道盲目引进会造成严重后果吗?

正方二辩张兰：引进，才会有发展。在中华民族的历史上，引进了大量的农作物，世世代代的人们才得以果腹，人们才得以从事政治、生产、学习等各行各业的工作。历史上张骞通西域的故事，在座的不会不知道吧!张骞历尽千难万险，吃十几年之苦，把中国特有的农作物和栽培技术传到世界各地，同时，也有十多种外国作物，如苜蓿、葡萄、胡桃、石榴、菠菜等传入华夏大地。闻名于世的丝绸之路打开了，从此中外文化、生产技术的交流开始了一个新纪元，无论对中国还是对中亚、西亚和欧洲，都产生了不可估量的深远影响。还有明朝去菲律宾经商的陈振龙冒险引来了甘薯，从此，我国的农业宝库中又多了一种价廉物美的粮食作物。

反方二辩于聪：请正方二辩注意，不要只看到辉煌的一面。沉痛的历史我们不应该忘记。几个世纪前，葛藤由中国传入日本。1876 年，美国庆祝建国 100 周年时，在费城举办大型博览会，世界上许多国家应邀参加。为了美化了环境，日本馆移植了葛藤。它那宽大柔软而常青的茎叶，一束束紫红色的花，把日本馆装饰点缀得非常美丽。这使美国人赞叹不已，便纷纷引种。20 世纪 50 年代初，美国南部种植的葛藤随处可见。既保持了水土，又美化了环境，葛藤被农场主称为“救星”。在日本葛藤受到大自然的控制，春荣秋枯，能基本维持一定数量。然而，在美国温湿的南方，阳光充沛，霜冻轻微，又无天敌的侵害，在如此优越的环境下，葛藤如鱼得水，便迅速生长起来，一昼夜一根蔓茎可生长 30 厘米，一个夏天能长 300 多米。一株葛藤根有时可长 40～50 条根蔓，第二年接着疯长，如此这般疯长，形成了庞大立体的葛藤网，独吞了阳光和地下水，造成一木独荣、万木萧疏的惨状。成片的林木被绞杀，良田被侵占。面对这一绿色恶魔，美国林业部门清楚地认识到盲目引种的恶果，发起了一场扑灭葛藤的战斗，人们用除草剂、深翻土地、刀砍、铲除等手段，花费了巨额经费，才略见成效。请问，这不是引种的祸害吗？

正方三辩王柯：看问题应看主流，不能只看“皮

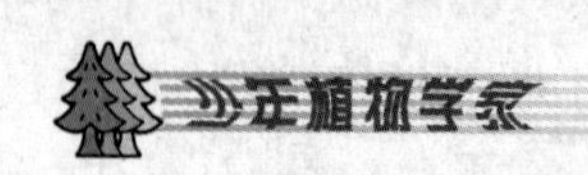

毛”。就说玉米吧，起初它叫“御麦”，顾名思义，应是专供皇帝食用的一种粮食。玉米原产中美洲，刚引到中国时，大家不知是何物，见它跟麦子一样可做粮食，又是专向皇帝进贡的异国珍品，就称为“御麦”。现在玉米同小麦、水稻相提并论，合称世界“三大谷物”，在世界上玉米的总产量已超过水稻，是世界谷物总产量的亚军。我国玉米播种面积和总产量已跃居世界第二，成了世界上玉米的主要出产国。没有引进，就没有玉米，足见引种的重要性。我的话完了，谢谢主席。

反方三辩孙苗：我提醒正方，你们提到玉米的引种，不也是只盯住引种的一个辉煌点了吗？我告诉你们，引种也会给人们带来忧患。我讲一个实例。1884 年，一位美国植物学家到巴西旅游，好奇地将水葫芦带回美国，并在新奥尔良博览会上展出。人们对它颇有好感，被誉为“美化世界的淡紫花冠”，并且名噪一时。随后一些国家竞相引进水葫芦，结果，水葫芦以惊人的速度繁殖，大大超出水道的负荷。

非洲的刚果河内，水葫芦蔓延 1 600 千米，堵塞河道，引起水灾。

印度拉贾斯坦河大型水利工程，因水葫芦堵塞河道，致使干旱的土地颗粒无收。

美国南部的河流、湖泊、运河有 8 万公顷水面被水葫芦覆盖，船只无法航行。

在孟加拉国，由于水葫芦充塞河道，使鱼类窒息死亡，数千渔民失去了财源。

这些水域的水温暖而且富含营养，水葫芦惊人的繁殖速度得到了充分的表现，每隔 5～6 天就增殖 1 倍。即使在气温低于 5℃时，水面上的叶子和花朵枯萎了，水中的茎仍然活着，一旦气温回升到 10℃以上，便重新生长出柔软的绿叶，继续蔓延。

盲目引进水葫芦，竟然闯下大祸。1899 年，美国工程兵部队接到国会的一项特别命令，要他们去消灭这些“绿色的敌人”。他们用炸药炸，不久水葫芦又蹿出头来；用毒药毒，结果，水葫芦没有被毒死，鱼、牛、羊反被毒死不少。美国大兵一怒之下用上了火焰喷射器，谁知被火焰烧焦的水葫芦，几日后又长得十分茂盛。为了对付水葫芦，有些国家不惜动用舰艇和直升机。

主席：时间已过。

孙苗：谢谢主席，我的话完了。

吴强（正方）：假如没有引种，棉花就不会在北方种植，黄道婆就不能创造出轧出棉籽和纺纱织布的方法，我们今天穿什么？请反方回答这个问题，假如没有引种，我们今天穿什么？

李娇（反方）：穿什么，这个还用问吗？你们不要认

为“死了张屠夫，就得吃带毛猪”，社会在发展，它将会被更新的东西所取代，穿得会更好！

张兰（正方）：烟草，大家知道吧？烟草原产美洲，16世纪才引入我国。现在我国种植面积和总产量已超过美国，跃居世界第一位。看上去这种植物无关紧要，却是国家税收的重要来源之一、纳税大户啊！

于聪（反方）：吸烟是人类的陋习。科学家已从烟草中发现了30多种与尼古丁类似的生物碱，接着科学家研究了尼古丁对动物的作用。到20世纪50年代，烟草对人类的危害就被科学所证实，从此，烟草就被推上被告席。吸烟对心血管功能的影响，对肺功能的影响，对大脑活动的影响暂且不说，只说吸烟与疾病的关系吧——长期吸烟能导致许多疾病，其中明确的有肺癌、喉癌、口腔癌、慢性支气管炎、肺气肿、食道癌、膀胱癌、冠心病、脑血管疾病等。世界卫生组织确定每年4月7日为“世界无烟日”，即“世界卫生日”，这不正说明引种的危害吗？

王柯（正方）：几千年来，我国人民积极从世界各地引种蔬菜。最早被引进我国的蔬菜来自东南亚，有茄子、芋头、苋菜、姜、豇豆。

2 000多年前从中亚细亚等地引入的有胡萝卜、菠菜、黄瓜、豌豆、蚕豆。

近代从欧洲引来的有卷心菜、花椰菜、莴苣，从美国引来了南瓜、番茄、辣椒、菜豆。

试想，如果没有前人努力引种，我们今天的餐桌上的菜肴将会多么单调啊！反方同学，你们想一想，这改善生活用什么呀！

孙苗（反方）：当然，人们都希望生活得好一点儿，但是，如果引进的蔬菜会给人们带来灾难，我们的观点是宁愿不改善生活也不想引进。我想告诉你们这样一件事：1982 年 12 月，美国佛罗里达州议会通过《外来树种植法》，禁止白千层树、榕树、辣椒树 3 种植物在南部种植。

原来，在 90 多年前，佛罗里达州从澳大利亚引种了白千层树，当时美国人对它发出了许多赞美之词。白千层树果然不同凡响，那些不能生长树木的沼泽荒地，一经种上白千层树，三年五载便换上郁郁葱葱的绿装。它 3 年便可开花结籽，十余年为木材工业提供原料，从叶和枝中提取芳香油的，可供药用或用来做防腐剂。

然而，特别强的吸水能力使它的作用走向了反面——它很快占满了沼泽，挤走了不喜吸水的土著植物，夺走了海龟和水生动物的栖息地。其树疙瘩引来了老鼠筑窝，老鼠横行，破坏了动物的平衡。树皮散发出一种化学气味，人闻了会引起咳嗽、哮喘，鸟类对此也不适应，林子里听不到鸟鸣声。州议会法令一生效，白千层树从此便失去了繁殖权。

榕树引自印度，那冲天大盖如同凉伞，那常绿革质叶，那千须万根的造型，谁看谁爱。可是，佛罗里达人则将其斥之为劣种，要把它斩尽杀绝。据说，榕树由于庞大，过于霸道，排斥了其他植物，占领了街道和庭院，因而不受欢迎。

佛罗里达州从巴西引来辣椒树，它的生长速度如竹子那么快，一年能长高3～3.5米。它有致命的弱点，根浅而树干脆弱，易招风断枝，危及行人；浆果有毒素，可使一些鸟类中毒丧生；树脂又能引起过敏；在沼泽地称王称霸，破坏了天然群落。功不抵过，所以也在禁止之列。从这3件事实来看，这引种失败的教训难道还不能让我们警省吗？

吴强（正方）：只有引进物种，才能有发展，我们的粮食品种才能多起来，餐桌上的蔬菜才能丰富起来，我们的衣食住行才能更加丰富多彩，这一点是不容置疑的。

李娇（反方）：我还要清楚地告诉对方，在引进的同时，且不可因一时的成功而忘乎所以。棉花的引进可以说是成功的，可是也引来了黄萎病、枯萎病和红铃虫。从前我国种棉花的农民从来没有见过，后来突然出现，损失很大。这是引进美棉时，这些病虫害藏在棉花上带

来的；还有，蚕豆蟓我国也没有，它是混在运来的蚕豆中由日本潜入的。

于聪（反方）：20 世纪 30 年代随着农作物进口而传入我国的豚草，目前蔓延到东北、华北、华东和华中十多个省，很难将其清除。还有和豚草一样属于菊科植物的毒草紫茎泽兰，在云南省几乎占领了一半以上的土地，正以每年 100 千米的速度向四川、广东、广西等地传播。

孙苗（反方）：目前，辽宁、四川、云南等地正在展开一场铲除紫茎泽兰、豚草等外来入侵生物的行动，以消除其对我国农业生物多样性和生态环境的影响。根据农业部制定的有关行动方案，我国确定在辽宁以豚草为重点，在云南开远、腾冲及四川西昌、宁南和攀枝花等地以紫茎泽兰为重点，开展灭毒除害试点行动。这些地方都是豚草、紫茎泽兰等外来入侵生物危害较大的区域。各地运用人工铲除、化学防治等方法，以铲除豚草和紫茎泽兰。科研部门联合有关单位，针对紫茎泽兰和豚草开展了综合防治科研示范活动，通过物理、化学和生物防治对比试验等，探索有效的防治技术模式。

吴强（正方）：植物引种虽有风险，但历史上成功的远比失败的多。当然，引种失败给国家、集体和个人带来的损失相当严重。但我们不能因噎废食，采取消极的办法。

盲目引种显然是错误的。人们接受教训，把引种这艰难而有意义的事业建立在科学基础上，使植物引种驯化工作成为一门科学。大体说来，一是搞情报，二是物色对象，三是检查身体，四是考核鉴定。这就是说对引种植物的考核是极端严格的，不是拔尖的优秀植物，根本别想通过。

主席：同学们，通过一场辩论，对于引种的意义和引种失败的恶果，大家有了比较清晰的认识。这次辩论活动，正方和反方的同学表现得都比较好，都做了认真、积极的准备，精神可嘉。

当然，只有引种，才能更加丰富祖国植物宝库的多样性，从中获得更大的利益。引种是国家发展的必然。不过，盲目引种，不经过严格考察试验和检验检疫的引种，又是十分可怕的，会造成不可挽回的灾难和损失。现在人们借助高科技手段明察秋毫，使危害农作物的妖魔鬼怪难有可乘之机。

至于正方和反方谁胜谁负、得分高低，在这里不予公布，因为在座的同学都是评委，你们自己评判吧！

30 为树木输液灌药

少年植物学家正在宽敞明亮的教室里召开紧急会议，主要研究树木的病虫害防治问题。这次小组会议由智星吴主持，他说："树木与人类休戚相关，有不少树木死于病虫害，这实在太可惜了。这个问题，应当作为我们攻关的一个课题。大家要献计献策，有一分热，发一分光，为树木的健康生长做贡献。"

"前些日子我看了一篇文章，是给竹子打预防针的。"刀嘴李说。

"噢？挺新奇，说给大家听一听。"快手张对此很感兴趣。

"这是发生在南方产竹区的一件事情。"刀嘴李有滋有味地说，"冬去春来，绵绵春雨唤醒了竹子，春笋破土而出，这时竹虫也蠢蠢欲动。它们特别喜欢蛀幼竹，一旦爬上幼竹，整棵竹子很快就会枯萎而死，危害性很大。怎么来对付这些可恶的竹虫、不让它爬上幼竹呢？一位少年想了一个办法——他找来一些药棉，搓成一个一个小棉团，浸上剧毒农药，塞进蛀洞中去，最后封上洞口。

结果竹子安然无恙，长得十分繁茂。”

“这种方法好！”胖子于感慨道。

“对患病的树木，我们不妨像医生给人治病那样，也给树木输液。当然，这对害虫来说是毒液哩！把树木内的害虫毒死，又不影响树的生长。”瘦子王说。

“对！给病树输液，这个思路好！我们可以分头实验和研究。”智星吴向大家宣布。

刀嘴李和快手张为一组。她们来到学校植物园内，发现有些苹果树叶发黄，有几棵甚至脱光了叶片。“这是怎么回事呢？”刀嘴李问快手张。

“对于苹果树叶发黄以至脱落的现象，我观察多日了。”快手张说，“我查了有关资料，又到果树研究所询问，终于弄明白了，原来这是苹果树缺铁的一种表现。”

“原来是这样。”刀嘴李豁然开朗，“那怎么办呢？”

“给树木输液，输硫酸亚铁溶液。”快手张说。于是，她们借来手摇钻给苹果树打洞，在一只玻璃瓶中装满配制好的硫酸亚铁溶液，再接上一根透明的塑料管，紫红色的药液通过塑料管注入树干。

一周之后，她俩又来观察，苹果树树叶果然已经由黄变绿了。

打闹中她俩来到了桃树林。

“你看，这只桃怎么成了黑皮桃呢？”刀嘴李边说着

边将那个黑皮桃指给快手张看。

“是啊，”快手张说，“哎，你看它周围还有好几个黑皮桃哩！”快手张如同发现了新大陆。

“黑皮桃是怎么回事呢？”刀嘴李说着，摘下一只黑皮桃来观察。用小刀切开一看，原来是虫子在作怪。她分析说：“虫子咬空了皮，青皮失去了营养和水分，才会变黑，自然果仁也就不饱满了。”

“刀嘴李，我们也给桃树输液如何？”快手张建议。

“对，预防为主嘛！”刀嘴李说，“否则黑皮桃还会增多。”

于是，她们做起了对比实验。选了 6 棵桃树，药液是甲铵磷稀释液。盛药液的桶挂在树枝上，在树茎的分枝处钻了一个手指头粗、1 寸深的小孔，将输液器针头插入钻好的小孔内，给桃树输液便开始了。一次输液需 1 天以上。

结果，通过给桃树输液，病虫害大大减轻，黑皮桃少多了；而对照组的黑皮桃在原有基础上增加了 12%。

智星吴、胖子于和瘦子王 3 人研究的是柳树腐烂病。学校共栽了 400 多棵垂柳，这些树不同程度地发生了腐烂病。“这是什么原因呢？”他们想找出症结所在。

智星吴请教了树木研究所有关专家，终于弄清了柳树发病的原因。他对胖子于和瘦子王说：“由于去年冬季温度过高，导致柳树的上部组织过分活跃，水分蒸发加剧，使树体内水分消耗过大，而柳树的地下部分组织，由于大地封冻又无法从地下吸收水分，从而造成柳树发病。”

病因找到了，便寻找治病的方法。他们通过查找资料和网站了解到，目前只有用氢氧化钠碱溶液喷洒比较有效。至于液体的浓度、用量和喷洒时间等一系列技术问题，没有记载和报告。

在这种情况下，他们大胆地进行了实验。为了增强氢氧化钠溶液的渗透性，智星吴说：“我们在氢氧化钠溶液中加入一定量的盐并进行对比实验。”

他们选择了20棵发病比较明显、病情较重的树分10组进行比较实验，用喷雾器将配制好的不同溶液分组喷洒于树皮上有真菌孢子的地方。

通过实验、观察，他们设计出如下的浓度组合及选择使用对象：

用10%氢氧化钠溶液和3%盐溶液混合，喷洒病情较轻的柳树。

用12%氢氧化钠溶液和3%盐溶液混合，

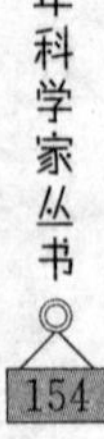

喷洒病情较重的柳树。

另外，将浓度较小的氢氧化钠溶液灌于根部。

1个月后，效果明显，治愈率达86%。

实践证明，这两种浓度比较适合柳树腐烂病的治疗。

31 用植物防治农业病虫害

“当今农业生产，用化学农药消灭病虫害使人类受到严重影响。”智星吴在一次环保总结会上说，“一方面造成了环境污染；另一方面危害了人类健康。上次小组会布置了对环境保护进行探索的任务并要求为此做点儿贡献。按照计划，我们应对以前的探索、实验加以总结，取长补短，发扬光大。”说到这里，智星吴停顿了一下，说：“刀嘴李，看你兴奋的样子，准是有了新发明，快介绍给大家听听吧！”

“发明不敢当。”刀嘴李说，“我只发现用橘子皮可以对付害虫。”

“那就快说说吧！”胖子于催促道。

“大家知道橘子皮能做中药，它有止咳祛痰作用。”刀嘴李说，“一次，我在玩橘子皮时，无意中一挤，立刻喷出雾状液体。不巧的是，一只小虫正好从雾状液体中飞过，立刻从空中掉下来，在地上挣扎了几下就死了。这使我十分惊奇，心想：难道橘子皮汁能杀虫吗？于是，我又捉住一只小虫，在它身上喷了点儿橘子皮汁液，小虫立刻倒了下去，蹬蹬腿死掉了。于是，我就仔细观察起橘子皮的汁液，它呈黄绿色，带有黏性。

“随后，我尝了尝这橘子皮汁，既苦又涩，再把它滴到 pH 试纸上，显中性。我想：橘子皮汁能把小虫置于死地，对蚊子有没有杀伤作用呢？我捉来一只蚊子，将橘子皮汁喷到它的身上，不到 10 秒钟，蚊子也一命呜呼了。

“这时，我又想：橘子皮汁液能不能杀死植物上的虫子呢？几天后，我发现一棵花上出现了红蜘蛛和蚜虫，我马上把橘子皮汁液喷到花上。第 3 天，发现红蜘蛛和蚜虫都死了，花也枯萎了。

“这是咋回事呢？我是把橘子皮原汁原味地喷上去的，或许太浓了吧？想到这里，我就把橘子皮汁液适当地添了一点儿水，再喷在花上。过了几天，害虫死光了，花也没受到伤害。

“这时，我大胆地提出假设：可以把新鲜橘子皮中的汁液提取出来，制成农药，剩下的橘皮渣制成中药。

“对这个问题，我刚摸到了一点儿头绪。至于橘子皮中含有什么成分、配制的浓度还都是个未知数。我还要继续努力。”

“刀嘴李的研究很有潜力，成绩不凡。”智星吴表扬起来，“哪一位还有什么成果？不要保守，赶快交流

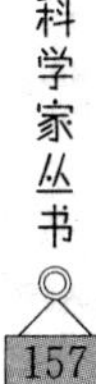

一下。”

“我想，化学农药污染环境，影响健康。”瘦子王介绍说，“那用中草药防治农业害虫行不行呢？人患病用中草药可以治疗，植物招了虫害也是患病，于是，我决定开展用中草药为植物治病的研究。

“我通过访问老中医，了解了有杀虫作用的中草药，从中筛选出了8种，按不同比例组合，经过热提、冷提，按照不同浓度配制成药，并在我姨妈的田间反复实验，最终得出以下结论：第一，运用中草药原理可共同作用于人和植物，从植物中来到植物中去；第二，这种植物源中草药杀虫剂对蔬菜上的菜青虫和果树上的蚜虫有很强的疗效，经触杀、胃杀将害虫置于死地，且不复生；第三，中草药杀虫剂无毒，对人畜安全，若人误食，也不会中毒，无污染，降解快，无残留，是代替化学农药的理想药品。我想，这种中草药可大规模用于农业生产，让古老的中草药焕发出新的生机，谱写新的一页。”

“呵！瘦子王常到姨妈家去，原来是研究中草药杀虫剂啊！”智星吴说，“有魄力，好样的！我们应该向有关部门建议，这可是一种行之有效的绿色农药啊！”

大家向瘦子王投来钦佩的目光。

“哎，快手张，你还没有介绍呢！”胖子于说。

“我做的实验能杀灭蚜虫，是用烟叶浸出液，说起来

不能登大雅之堂。”快手张不好意思地说。

“只要能消灭害虫，又不污染环境，就是好方法。快介绍一下吧。”刀嘴李快言快语。

“事情的起因是这样的。”快手张说，“我妈经常对我爸爸说：‘不要吸烟，吸烟对身体有害！’她这话启发了我：既然吸烟对人体有害，那对害虫不是也有害吗？那么，能不能用烟叶中的有害成分来对付害虫呢？于是，我就动手做起这方面的实验来。我取5只烧杯，标记为 $A_1 \sim A_5$，分别加入100毫升清水；再用天平分别称取黄烟叶碎末5克、10克、15克、25克、30克，分别倒入5只烧杯中，放在温暖处浸泡一昼夜。同时，选有蚜虫的5盆花，分别标上 $B_1 \sim B_5$ 作为标记，并在烟叶浸出液喷洒前清点各实验组蚜虫数量并做好记录。然后将 $A_1 \sim A_5$ 5只烧杯中的烟叶浸出液用纱布过滤，分别倒入手持式小喷雾器中，并相应地在 $B_1 \sim B_5$ 植株上均匀地喷洒。喷洒多少以叶面湿润为准。一昼夜后，观察各实验组蚜虫死亡情况。

“经过我多次实验观察，发现烟叶浸出液对蚜虫有较好的杀灭效果。实验证明，烟叶浸出液杀灭蚜虫的最适浓度为15%左右。”

“好哇，大家都费了一番脑筋！”智星吴说，“这些方法都值得进一步研究，既不污染环境，又没有残留，可以说是生物农药的雏形。希望大家继续努力，为环境保护做出应有的贡献。”

“胖子于，轮到你介绍了！”刀嘴李提醒胖子于道。

“前些日子的双休日，我到我的同桌家去。”胖子于说，“他家住在郊区，我和他一起去放羊，我注意到羊群从不吃七叶树的花，见到这种花总是躲得远远的。这是怎么回事呢？我就问同桌：‘羊群怎么不愿吃七叶树花呢？我看羊爱吃许多植物的花。’同桌说：‘七叶树的花有毒，所以牲畜从来不吃它。’说者无心，听者有意。我想：‘既然七叶树的花有毒，那它的浸出液可不可以抑制蚊子的发育呢？’

“回来后，我将采来的七叶树花浸泡在水里，14 天后，用纱布过滤除去花，用滤液配制成不同浓度的溶液，分别放在不同的小瓶中，然后又在每个小瓶中放进数目相同的蚊子卵，每天观察记录。

“时间一天天过去了，结果和我的预料完全一致。我发现，在浓度为 75％和 100％的溶液里，蚊子卵没有孵化，这说明七叶树花浸出液能有效地抑制蚊子的发育。在浓度为 50％和 25％的溶液中，抑制蚊子发育的效果稍微差一些，分别有 10％和 30％的卵发育成了幼虫，后来又全部死掉了。

“这个实验，只说明七叶树花浸出液可抑制蚊子的发育。”胖子于的语气似乎显得有点儿底气不足。

“胖子于，你很了不起。”快手张说，“你见到的现象许多人司空见惯，但都没有开动脑筋付诸实践，所以缺少了发现的机会、失去了成功的机遇。”

快手张的话，博得大家的热烈掌声。

“是啊，”智星吴待大家掌声结束后说道，“正如巴尔扎克所说：打开一切科学的钥匙都毫无异议地是问号；我们大部分的伟大发现都应归于‘如何’？而生活的智慧大概就在于逢事都问个‘为什么’。”说完，他随口说道：

植物生长害虫多，
化学农药遗患多；
植物治虫好处多，
多加研究方法多。

32 让植物来对付温室效应

“专家们预言：地球将会越来越热。”这是推销制冷器的广告中常用的台词。

的确，今天的地球，由于人类文明进步的副产品——二氧化碳、甲烷等气体的排放量远远超过环境承受的程度，从而使“温室效应”增强，“发烧”的地球变得越来越热了。

所谓“温室效应”，是指大气层底层气体成分发生改变、阻止热量排散的一种现象。引起温室效应的气体有水蒸气、二氧化碳、甲烷、氯氟碳化合物等，其中以二氧化碳最为严重。

气候变暖的趋势对人类造成了日益严重的影响。这个问题也引起了少年植物学家们的关注。

在少年植物学家小组会上，刀嘴李疾呼：“自工业革命以来，温室效产生了明显的影响。尤其到了 20 世纪 80 年代中期，由于温室效应的增强，全球已经出现了气候变暖的趋势。”

“科学家预言，人类如果不采取果断和必要的措施，到 2030～2050 年，大气中二氧化碳的含量将比工业革命时增加 1 倍，即为 540 毫克/立方米，全球平均气温将升高 1.5℃～4.5℃，变暖的速度是过去 100 年的 5～10 倍。”快手张十分关心这方面的动态。

“是啊，到那时，海水将变暖膨胀，海平面将上升 0.2～0.4 米，加上冰川融化，海平面将升得更高，很有可能淹没大量的沿海城市，使自然环境和生态系统遭到破坏。台风、暴雨、海啸、酷热、旱涝等灾害就会频频发生，对农、林、牧、副、渔生产和人类生活带来不可估量的损失，有人把这称为‘仅次于核战争的灾难’。”智星吴十分担心地说。

“降低‘温室效应’，势在必行。”胖子于说，“使我们生存的环境可持续稳步发展是摆在全人类面前的一个重要课题。有关资料显示，减缓温室效应的有效方法之一是设法将空气中二氧化碳的含量降低。大力造林绿化，就可以让植物吸收空气中的二氧化碳和从土壤中吸收水分，通过光合作用放出氧气，以保证大气中二氧化碳和氧气含量的相对稳定。”

“大家的发言，使我受到启发，”瘦子王说，“我们何不设计一个实验，让植物来改变环境呢？”

“对，一言为定，”智星吴说，“我们应该设计一个密闭体系，里面有绿色植物，再充入一定浓度的二氧化碳气体，通过测试体系中二氧化碳的浓度，就可以得出结果来。”

“对！这一假设完全可行，我们不妨就搞这方面的实验。”刀嘴李补充说。

于是，在杨老师的指导下，少年植物学家找来 5 只大玻璃瓶。他们是这样设计的：两组做实验，一组作为对照。

实验①：在两只实验瓶中分别放入一小杯水、一杯沙土和易拉罐培养的蟛蜞菊、富贵竹等绿色植物，并测定水和沙土的 pH 值，然后用化学方法制取二氧化碳，使其浓度为 3％和 5％，分别通入瓶中。

实验②：两只实验瓶内的水、沙、土同实验①一样，只是不放绿色植物，同样通入 3％和 5％的二氧化碳。

对照组内的水、沙、土同实验①和②一样，只是通入空气。

刀嘴李说：“我们利用 3％和 5％两种浓度的二氧化碳模拟温室效应，观察不同浓度的二氧化碳对气温、水和沙土的 pH 值的影响。同时根据绿色植物进行光合作用吸收二氧化碳的效率，找出减缓温室效应、改良环境的途径。”

实验中，快手张通过记录、对比，得出结论，她说：“对照组无植物的装置通入 3％和 5％二氧化碳，经过 5 天光照后，产生明显的温室效应。二氧化碳的浓度越高，温室效应越明显，水和沙土酸化程度越大，对环境负面作用越显著。实验组装置中放入蟛蜞菊和富贵竹后，通过光合作用吸收了容器中的二氧化碳，明显降低了温室效应，装置内温度、水和沙土的酸度处在动态之中，最后逐渐趋于只通入空气的对照组。”

“这就是说，绿色植物可以吸收二氧化碳、减缓温室效应、改良生态环境！”瘦子王兴奋地说。

“对！我们可向各级政府呼吁，加大城市和工厂周边地区的绿化力度，有针对性地选择绿化树种，保护好我们的生存环境！”胖子于激动地说。

“是啊，在栽种高大乔木的同时，有意识地挑选一些光合作用强的植物栽培，如蟛蜞菊等，既可保护环境，又可起到美化环境的作用。”刀嘴李附和道。

智星吴心情激动，启发了灵感，朗诵道：

我们生活的地球，
环境已相当脆弱；
忽视地球的存在，
我们将永远失去存在和发展的基地。
我们听到了它的呻吟和发出 SOS 呼救。
人类保护好地球，
其实是在保护自己。

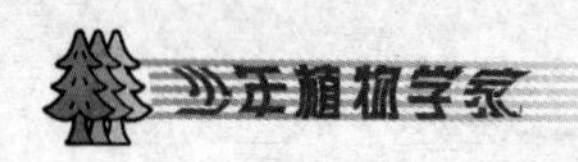

历史赋予我们的希冀有待我们去努力!

如果我们不了解历史,

我们就将重演历史的悲剧;

如果我们不面对现实,

我们就将困惑于严峻的现实;

如果我们不珍惜现在,

我们就将被迫忍受灾难的未来。

我们已经处在这样的十字路口,

我们必须做出慎重而明智的抉择!

33 巧用植物净化污水

水，是生命的源泉，

是一切生命赖以生存的基础；

水，是一个地区经济腾飞的根基，

是人类文明的摇篮。

水啊，水，

这是生命之水啊！

人们不时感到水荒，

水又处处受到玷辱！

面对水的污染，智星吴有感而作，写下这首习作。

在一次少年植物学家小组会上，智星吴说：“现在有不少缺水城市，因而节约用水是每个人的责任。水的重复利用是一个重要的问题，如何将污水净化再加以利用是一门很重要的学问。”

“对呀！”刀嘴李深有感触地说，“我们家的洗手洗脸水都不直接放掉，而是加了一个管道收集起来，用来冲厕所，洗菜的水也用来冲厕所。”

“你们想过没有，如果每家每户都这样做的话，节约的水可不是一个小数字。”智星吴说。

“我正在研究一个美人蕉处理污水的项目，正准备总结一下写论文。”快手张不紧不慢地说。

“这可是一个新思路，你说给大家听一听!”瘦子王来了精神，他近日也在研究一个水生植物处理污水的项目。

“事情的起因是这样的。”快手张说，“一个偶然的机会，我发现一条臭水沟里的美人蕉长得十分青翠，受好奇心驱使，我就仔细地观察起来。通过观察我发现，美人蕉周围的水质只有一层绿藻网住了根。我想：美人蕉生活在污水中却表现出了极强的生命力，那美人蕉可不可以处理废水呢?

“在这一想法的指导下，我就做起美人蕉处理废水的实验来。我准备了5只大小相同的塑料脸盆，5块大小相同的比盘口稍大的泡沫块，每块打孔5～6个。这样就制成了5个胶箱。

“然后，将美人蕉插入孔中，加以固定，使其根全部浸入水中。当然，这胶箱加的水全是从工厂里流出来的污水。5天之后观察废水颜色的变化、清浊程度及美人蕉根、叶的变化，进行有关化验测试并继续加入同样的

废水。现在到了第20天，已进入实验总结阶段。

“实验结果表明，美人蕉在各种水质中不施肥都能正常生长，其根系发达，可以使工业废水、污水得到有效处理，达到生化处理二级水质标准。可见，美人蕉既可处理污水，又可美化环境，值得推广种植。”

“快手张，了不得！值得表扬！”智星吴由衷地说。

“我是从一次偶然发现开始的。”快手张说。

“可见观察的重要性。”胖子于说，“一切观察都是从问号开始的。观察是获得真知之母。难怪俄国著名生理学家巴甫洛夫说：‘观察，观察，再观察。’这是他科学研究的总结，真知灼见啊！”

“实际上，我用植物净化污水的实验已进行了半年。”瘦子王说，“形式和刀嘴李说的差不多，只是加了一套装置，将污水通入一个特设的水槽中，让水槽中的植物把水净化后再重复利用。”

“这个方法好，”刀嘴李说，“快说来听听。”

“首先是设备的安装和改造。”瘦子王说，“把卫生间水盆出水管加以改造，用一根管子连接到水槽上。这只水槽有两条管子，一条连水盆上的出水管，另一条接到便池上，都接上开关。水槽要比水盆低，比便池高。这样居高临下，只控制开关就行，不必耗费能量。水槽中放入水葱和田蓟等去污能力强的植物，这样就可以使用了。

“如打开水龙头洗手，洗手的水会自动通过管子流入水槽中，经过几个小时的净化，表面的气泡逐渐减少，水也澄清了。当要冲便池时，拧开开关，水就会自动流入便池。

“半年多以来，我家的水费明显减少，用水量不足去年同期的60%。这样做还有一个好处，就是使厕所有一些绿意，尤其是冬天尤为难得。”

“你的研究已进入了实用阶段，具有开创性，十分实用，值得推广。”智星吴对此给予了很高的评价。

“是啊，我们何不到瘦子王家参观一下，”刀嘴李建议说，“又可以去做一次客。”

“走！”少年植物学家们真的向瘦子王家走去。

34 太空植物

在一次小组会上，少年植物学家们对植物遨游太空问题展开了讨论。

智星吴的叔叔是位宇航员，他把同叔叔的对话“搬”给了少年植物学家：

“我说：‘叔叔，你们宇航员吃什么食物呀？’

“‘你说，一个人要维持自然的生命状态，最基本的条件有哪些？’叔叔问我。

“‘那自然是食物、水和氧气了。’我回答。

“‘对！这是每个人包括宇航员在内都不可缺少的。目前宇航员的食物、水和氧气是靠地面供给的，这就给宇航带来了极大的困难，造成了巨大的开支。为了解决这个问题，许多科学家曾设法压缩或浓缩蛋白质、脂肪、淀粉类化合物以及富含多种维生素的食品，但是都不令人满意。理想的食品应该是一方面能解决宇航员的营养问题；另一方面还能解决氧气供给、人体产生的二氧化碳排出和排泄问题，同时还要体积小、重量轻。怎么解决呢？于是，科学家们想来想去，终于想到了绿色植物

中体积最小的藻类植物——小球藻。它含蛋白质50%，科学家们认为这是比较理想的宇航食品。'

"我问：'小球藻能在太空生活吗？'

"叔叔看出了我的怀疑，解释说：'小球藻是一种单细胞球形绿藻，壁很薄，叶绿体呈杯状，占据细胞的绝大部分，里面含有大量的叶绿素，在阳光下可以进行强烈的光合作用。生长繁殖迅速，体重在一天之内可以迅猛地增长，有时可增长100倍。它含有极为丰富的营养成分：含有50%的蛋白质，含有10%～30%脂肪、维生素A和维生素C，营养价值大大超过鸡蛋、牛肉和大豆，因而享有植物肉美称。前苏联科学家曾把小球藻载入宇宙飞船，进入太空旅行。试验证明，小球藻在失重条件下能够正常生长发育。'

"我不禁又问道：'小球藻在太空中怎样生活呢？'

"'把小球藻养殖在宇宙飞船舱内，因为小球藻是自养植物，可进行光合作用。在适宜条件下它可以不断地进行光合作用，制造有机物，供宇航员食用，同时光合作用还能释放出氧气，供给宇航员呼吸。而宇航员呼出的二氧化碳又是小球藻进行光合作用所必需的原料，宇航员体内排出的其他废物及残渣，又可为小球藻生长提供无机盐等。这样，互利互惠，还可减轻船舱的重量、净化空气，同时解决了宇航员的食物和氧气问题'。

“我听完叔叔的介绍，高兴地说：‘想不到小小的小球藻，竟解决了宇航员在太空生活中的食物和氧气两大难题，可真了不起啊！’”

“刚才智星吴介绍的是宇航员与小球藻的互惠关系，这是研究太空植物的一个方面。”胖子于说，“今天，我们主要探讨一下太空育种问题。有关资料介绍，太空育种能带来巨大的经济效益，有着广阔的前景。”

瘦子王接着说：“早在 20 世纪 60 年代，美国和苏联科学家就曾多次用飞船把植物送上太空，进行栽培实验。科学家发现，作物在太空中的生长情况和在地球上不同，会发生许多奇妙的变化：小麦的叶片不是始终朝一个方向，而是忽而朝这，忽而朝那，如同一团乱麻；大豆也怪，根不朝土里钻，而是蹿出土壤；向日葵的向日运动周期大大加快；植物细胞分裂的速度也变快了。究其原因，是失重打破了植物体内生长激素的分布规律，影响了植物的正常生长。

“那么，如何克服失重对植物生长的影响呢？后来，科学家模拟地球表面固有的弱电场，让栽培太空作物的泥土带电，从而才使植物有规律地生长了。

“科学家在宇宙飞船上实验，一盆盆的青菜、葱头、胡萝卜、燕麦、小麦、绿豆、松树苗、郁金香、兰花，生长得绿油油的，小麦的成熟期比地面提前了48 天。”

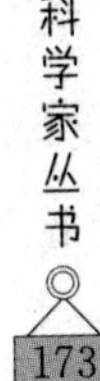

刀嘴李事先查找过资料，她兴奋地说："科学家的目光瞄向了太空育种，因为太空环境能诱发农作物种子产生特异性变化，而且多数变异性状稳定较快，有利于加快育种进程。通过太空育种培育的新品种能提高农作物产量，改变农作物品质，缩短农作物成熟期，并能出现一些常规育种不易见到的变异情况。显然，太空育种比陆地具有很大的优越性。

"1980 年，美国将西红柿种子做太空搭载试验。通过种植，发现其发芽率高，生长快，长势旺盛，个大色红，酸甜适中，增产率达 30％～60％，表现出地面所达不到的优势。"

"我国在太空育种方面也处于领先地位。"快手张说，"我国已无数次利用返回式卫星将 51 种植物、300 多个品种的农作物种子送上太空，进行诱变处理，返回后进行种植试验，获得许多变异品种，并从中筛选出了数百个早熟、丰产、优质、抗病的新品种。例如，江西省搭载的'农垦 58'水稻种子，穗长、粒大，有的一株竟长有 3～4 穗，每 667 平方米产量达 600 千克，有的高达 750 千克，蛋白质含有量增加 8％～20％，生长期平均缩短 10 天。在青椒中，获得了单果重达 250 克以上、比对照系增产 120％的早熟新品系。"

"哎，我们想法弄一点儿太空种子做实验，怎么样？"

刀嘴李见大家对太空种子这样着迷，便大胆地提出了自己的想法。

“你的建议好是好，可种子从哪里弄啊？”快手张为难地问。

“这个嘛，我自有办法。”刀嘴李说，“我有一个亲戚在农业科学院工作，托他弄点儿种子不会成问题的。”

几天之后，刀嘴李还真弄来了太空种子，是太空西红柿种子。于是，他们开始实验。

他们把太空西红柿籽和本地优良的穗丰西红柿籽各100粒，先放在55℃水中搅拌至30℃后，再浸种6小时，以除去抑制种子萌发的物质。然后，把种子洗净后均匀地摆在垫有两层湿润滤纸的培养皿中，上盖两层湿润纱布，每个培养皿放100粒，并放在室温下催芽。

他们将出芽的种子点播在纸钵内，一纸钵一粒，然后把长出的幼苗移植到塑料营养袋中。当幼苗长出真叶后，就把幼苗移到实验田里。这两种西红柿按照常规管理方法进行同样的管理，施肥，浇水，锄草，待第3层花长出后，摘去顶芽。

这一实验过程从催芽、栽种到收获，由刀嘴李一手操办。最后，她在少年植物学家小组会上总结说：“太空西红柿同穗丰西红柿相比，除结果率稍低、始花期和果实成熟期稍迟外，在其他方面都有明显优势，发芽率提高了 9%，出苗率提高了 19%，幼苗平均株高增长 0.63 厘米，平均单果增重 61.1 克，平均单株果重增重 573.2 克，最高单株果重增重 767.1 克，平均单果直径增长 1.1 厘米，平均单果长度增长 0.81 厘米，总产量增重 8 594.2 克，增长 75.6%。如果按每亩定植 2 500 株计算，则可增产1 433千克，经济效益可观。同时，太空西红柿植株抗逆性强，生长茂盛，不仅果形好，果色也好，口感优于普通西红柿，而且耐贮藏。”

“太空西红柿果大味甜，通过农业科学院专家代测，含糖量为 3.6%，很值得推广。”快手张补充说。

“有机会，我们还要多研究太空植物。”胖子于说。

“对！”大家一致同意胖子于的建议。

35 小论文答辩

学习了“光合作用”以后，少年植物学家展开了热烈的讨论。瘦子王说：“是绿色植物养育了世界，绿色植物是一切生物生存的基础。”

“研究光合作用的意义十分重要。”刀嘴李说，“光合作用的秘密远远没有揭开，我们要很好地研究光合作用。这就是我们的奋斗目标。”

“真是奇妙啊，就这么一片叶子就可进行光合作用。”胖子于说。

智星吴说：“金秋季节，漫步田野，丰收的景象尽收眼底，金灿灿的稻谷、红彤彤的高粱、雪白的棉花……这一切丰收的景象，都是绿叶的杰作和功劳。”

这次讨论唯独快手张没有发言，她在想着一个问题：绿叶能进行光合作用，那么，紫鸭跖草能不能进行光合作用呢？

时间过得真快，转眼 1 个月过去了。

这天，天气格外晴朗，省科技馆礼堂内格外热闹。十几位专家坐在主席台上，新闻记者在不停地拍照、录像。

只听大会主持人说道：“下面是育才中学的张兰同学，她写的论文题目是：《紫鸭跖草的光合作用》”

专家们都拿到了这篇打印的论文：

紫鸭跖草的光合作用

A市育才中学少年植物学家小组

执笔人：张兰

学习了“植物光合作用”之后，少年植物学家的注意力转向紫鸭跖草上了。刀嘴李说，紫鸭跖草叶子不是绿的，是紫色的，它能进行光合作用吗？瘦子王说，紫色的叶子，不含叶绿素。总之，少年植物学家们议论纷纷，说法不一。到底紫鸭跖草能不能进行光合作用呢？少年植物学家们带着问题来到校植物园，对紫鸭跖草仔细观察起来。紫鸭跖草的叶互生，略带肉质，卵状披针形。整个叶片看不到绿色。看着紫鸭跖草的形态，胖子于说，如果说紫鸭跖草不含叶绿素、不能进行光合作用的话，而它却生长得这么茂盛，所需的有机物养料是从哪儿来的呢？总不会是异养吧！实验最有说服力，我们何不做个实验来证明这个问题呢？于是，少年植物学家们就做起实验来：摘了一片鸭跖草叶片，放在小烧杯中，再加上95%酒精，直到浸没叶片。把小烧杯放在盛开水的大烧杯中，用酒精灯隔水加热。不一会儿，酒精沸腾了，叶片在酒精中翻滚，并逐渐从叶片中渗出绿色物质。我们见到这种情况，心中十分高兴，原来紫鸭跖草的叶子也有绿色，只不过被紫色的花青素遮盖住了。

那么，这绿色植物到底是不是叶绿素呢？刀嘴李找来碘酒，说，我们给叶片滴上碘酒再说。说着，她就滴了一滴。不一会儿，叶片渐渐变成了蓝色。遇碘变蓝色是淀粉的特性。这就证明紫鸭跖草叶片中确实存在着淀粉。淀粉是叶绿素进行光合作用的产物。不过，叶子有了淀粉，还不能足以证明它是叶绿素进行光合作用制造出来的，还有可能从其他方面取得。

鉴于这个问题，我们找来一只花盆，挖了一棵带土的紫鸭跖草栽进去，并浇上了水。因带的土多，并不影响它的生长。我们把它放在黑暗的环境中一昼夜，然后选了一片叶作为实验叶片，在叶子上夹了一小块正方形黑纸板，在阳光下照射两个小时后取下叶片；以同样的方法用酒精隔水加热。当叶片变成淡色时用镊子取出用水冲洗，滴上碘酒，只见叶片没有遮光的部分逐渐变成蓝色，证明产生了淀粉，而遮光部分没有变蓝，说明不产生淀粉。这可以证明紫鸭跖草的叶子是能进行光合作用的，那溶解在酒精中的绿色物质就是叶绿素。

在校植物园观察时，我们还发现一个问题：栽种在向阳处的紫鸭跖草长得茂盛，背阳处瘦弱些。这说明什么问题呢？

这又使我们想到实验中发生的一种现象：用酒精灯给紫鸭跖草的叶片加热时，它从叶片上溶解的绿色远比别的植物要淡，说明叶绿素少。

这样，紫鸭跖草喜光的生理特点找到了。只有在强光照射下，本身含叶绿素少的紫鸭跖草才能有较高的光合作用效率，以制造较多的有机物质来满足自身需要。因叶子蒸发得快，所以，适宜生活在湿润的环境中。

通过进一步查找资料、走访老中医，了解到紫鸭跖草具有清热解毒、利尿的作用。治疗咽喉肿痛，可用鲜紫鸭跖草100克，水煎服；治疗水肿、腹水，可用鲜紫鸭跖草100～150克，水煎服，连服数日。治疗丹毒，可用鲜紫鸭跖草100～150克或干品50克，水煎服；治疗关节肿痛、疮疡肿毒，可用鲜紫鸭跖草200克，水煎，乘热洗患处，或捣烂敷于患处，每天1次……

我们不仅了解了紫鸭跖草光合作用的内容，还意外地知道了它的药用价值，尝到了动手实验、勇于探究的甜头。

专家们看完张兰的论文，都微笑着点点头。一位姓王的教授问：“张兰同学，你们在课本上只学习了绿色植物进行光合作用方面的知识，你们却以独特的眼光，探讨了表面看来叶片是紫色的植物的光合作用问题，这种可贵的好奇心和探究精神可嘉。这是在教师启发下完成的，还是你们独立完成的？”

“这个实验从开头到论文完成，都是少年植物学家集体的智慧和成果，由我执笔，并不是在老师启发下完成的。老师在平日培养了我们这种能力，当然与老师的支持分不开。要知道，我们是少年植物学家，我们做过大量的实验，这个实验并不怎么难，人人都会做。”张兰侃侃而谈。

“你们为什么要把紫鸭跖草叶放在95％的酒精中而不是放在水中，也不是直接给它加热呢？”戴眼镜的李博士问。

“叶绿素只溶于酒精中，不溶于水，所以要用酒精。”张兰不慌不忙地说，“因为酒精有可燃性，用火直接给酒精加热，有危险，可能引起失火。实验以安全为第一要素。”

“你们是怎么知道紫鸭跖草具有药用价值的呢？”一位姓于的学者问。

“我们在查找紫鸭跖草的有关资料时，无意中看到它有药用价值，于是，我们就访问了一位姓孙的老中医，是孙爷爷告诉我们那些治疗方法的。”张兰回答。

“你们这次的体会是什么?”一位专家微笑着问。

“善于用观察的眼睛看问题。”张兰说，“学会观察，敢于标新立异，大胆动手实验，是我们这次成功的关键。只有提出问题用实验来验证问题，才能使问题得到解决。今后，我们还将继续努力，争取做出更大的成绩。”

顿时，全场响起了热烈的掌声。

专家评审的结果是，张兰执笔的论文获省青少年科技论文评比少年组一等奖。

36 访问植物学家

快手张和教生物的杨老师从省科技馆出来后都十分高兴。杨老师为培养出这样出色的学生而感到欣慰，快手张对今天的答辩感到比较满意，没有辜负老师对自己的培养。

杨老师说："你知道那个岁数比较大的姓王的教授吗？他是个植物学家，是搞基因工程的，是一位闻名遐迩的人物。"

"哦，我是否可以拜访他呢？借这个机会也可以向他老人家学习。"快手张说。

"他很忙，要拜访，可要抓紧喽!"杨老师说，"我听说他住在白天鹅宾馆，房间是418。"

"好吧，今天吃过晚饭，我就去拜访他。"快手张当即做出决定。

晚饭后，快手张来到白天鹅宾馆418房间。

"王爷爷，我作为学校的小记者想对你做简短的采访。因为你的时间宝贵，不想让您多浪费时间。"快手张直来直去地说。

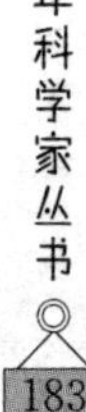

“好吧，谢谢你们！”王爷爷说。

快手张：王爷爷，您成功的秘诀是什么？

王教授：哪有什么成功秘诀啊！正如丘吉尔所说：“成功，就是以不息的热情，从失败走向失败。”通向成功之路没有捷径，如果你想到达希望之乡，就必须通过茫茫荒野。我所从事的基因工程研究，起初并没有想到成功，只是埋头工作，不计较个人得失，几十年如一日，以毕生的精力，一生的勤奋，一辈子的努力才取得的。

快手张：王爷爷，您能简单介绍一下您所从事的基因工程吗？

王教授：基因工程是采用工程设计的方法，按照人的需要，将特定的目的基因，在离体条件下转入宿主细胞进行大量复制，最终产生新的基因产物的过程。它是当今一个新兴的重大技术领域和带头学科。基因工程能够冲破杂交的限制而直接控制基因，把控制生物性状的因素从一个品种转移到另一个品种，表现出特有的魔力，现已取得累累硕果，令人耳目一新。

快手张：请您介绍一下基因工程所研究的内容及所取得的成果，好吗？

王教授：植物方面研究了抗性农作物。我国研究出抗棉铃虫的棉花，只要棉铃虫一咬棉花植株，便会得病，一命归天。基因工程烟草、番茄、马铃薯、油菜、棉花、大豆等，在5～10年内可投放市场。培育出了智慧植物，例如，植物缺乏营养出现黄色，水分不足呈现蓝色，遭受蚜虫袭击表现红色。培养出含疫苗的水果蔬菜，人只要吃一个含疫苗的香蕉就可以免疫，就不必再打防疫针了。吃一点儿含疫苗的蔬菜，也可以防病。还可让植物生产干扰素等，如可让植物生产胰岛素，为糖尿病人治病。基因工程的内容十分广阔，还包括动物方面的内容，我就不多介绍了。

快手张：根据您的切身体会，您觉得中小学阶段的学习最应该注重什么？您对素质教育有何见解？

王教授：中小学阶段是一个人非常重要和宝贵的学习时期。对所学知识，我认为一定要注重记和背，因为这是一个人记性最好的时期，记一些内容非常必要。当然，不一定是死记硬背。对于一些名篇佳作和主要的公式、定律，一定要熟记下来，哪怕当时理解得不是很透彻。只有这样，你说话、作文时，才能引经据典，解题时才会运用自如，这就是所谓的熟能生巧。素质教育我认为首先应该学好书本知识，科技教育应该放在素质教育的首位。在国外，我发现人家特别注重中小学生的科技教育，学校的科技楼名副其实，里面有上千台实验仪器设备，学生可以自由出入，免费做任何实验。这样才能真正提高中小学生的动手能力，培养创新精神，提高

实验水平。我认为对中小学生进行一定的创新教育，培养其创新能力非常重要，这是关系到中华民族能不能雄立于世界民族之林的大事啊！

快手张：您对未来有何展望？

王教授：未来的前景十分诱人。就未来的农业来说，将向生态型发展，由自然式向设施式发展，由农场式向公园式发展，由化学化向生物化发展。在未来的几十年内，传统农业将变成一个集生产粮食、能源、化学品、塑料及其他产品的综合工厂。未来的农业工厂将是流水线式立体结构，农作物可以分层种植，比田野栽培植物的成熟期要短得多。不再受地点和气候条件影响，可以天天有播种，日日有收获，再也不用分什么季节了。你想吃什么，就可以让它生产什么。到那时，人们的生活将多么惬意啊！

37 欢乐相聚

快手张获奖啦！这个消息如同插上了翅膀，很快从省城传了回来。师生们奔走相告，纷纷评说着这令人激动的喜讯。“这张兰就是与众不同！”“少年植物学家真了不起！”

少年植物学家们听到这一消息，自然异常高兴，因为他们都参加了这一工作。这是对他们工作的最好肯定。

此时此刻，作为少年植物学家小组组长的智星吴，心情更是激动。他对伙伴们说：“放学后，我们一起到快手张家去，向孙阿姨报告这一消息。大家说好不好？”

“好！”少年植物学家们齐声回答。

于是，他们来到了快手张家。

“阿姨！我们向您道喜来啦！”刀嘴李高兴地说。

“孩子们，向我道什么喜呀？”孙阿姨眉开眼笑地问。

“张兰在省里获奖啦！论文《紫鸭跖草的光合作用》在省少年组获论文一等奖。”

“你们不要光说我啦！”快手张说，“咱们风里来雨里去，动手实验，观察记录，大家都付出了很多，这次获奖是大家集体力量的结晶，只是论文由我执笔而已，如果换成智星吴，说不定还能获国家级奖呢！”

“去去！就会谦虚。”智星吴不好意思地说。

孙阿姨留他们吃饭。谁知，刀嘴李调皮地说：“阿姨您留我们吃饭，得有个条件。”

孙阿姨问：“调皮鬼，什么条件啊？”

刀嘴李说：“我们都知道您做一手好菜，而且还会做巧菜，我们都快馋掉大牙啦！这次我们也考一考您，是不是名副其实的‘巧手’。我们用谜语说出自己喜欢吃的菜，您做对了，我们就吃，做错了，我们就不吃。”

“嗬！小丫头，我还能提着猪头送不到庙门去？我做得不好，恐怕你们也会抢着吃呢！”转而大笑起来，“好！阿姨我答应你们。”

刀嘴李唯恐落后，说：“不是葱，不是蒜，一层一层裹紫缎。像葱比葱长得矮，像蒜却又不分瓣。”

胖子于要吃的菜是：“生根不落地，有叶不开花。都说它是菜，菜园不种它。”

瘦子王见胖子于说完，马上说道：“身体瘦又长，有青也有黄；自打出世后，遍体长刺疮。”

智星吴要吃的菜是：“土里生，水里捞，石头缝里走一遭。摇身一变白又净，没有骨头营养高。”

大家要求快手张点一道菜。快手张沉思了一会儿，说："我要吃的东西是：生来像大桃，无粒又无毛，一颗黄金心，皮儿要扔掉。"

孙阿姨笑着对大家说："这才 5 个菜，不成双。这次，我要给你们做 8 个菜，也是对你们的褒奖。再点 3 个菜。"

刀嘴李嘴上的功夫厉害，急忙说："阿姨，我再点一个菜：圆圆脸儿像苹果，又酸又甜营养多，既能做菜吃，又可当水果。"

胖子于又点了一个菜："身体白又胖，常在泥里藏，浑身是蜂窝，生熟都能尝。"

最后一个菜，大家让瘦子王点，做一个他爱吃的菜，让他身体胖一些，免得让人们说他生活在"水深火热"之中。瘦子王正巴不得呢，他清了清嗓子说："小时绿葱葱，老来红彤彤。剥开皮来看，一包白虫虫。"

孙阿姨一一记下，就急忙到厨房忙开了。只一会儿工夫，就按照少年植物学家们点的菜，不多不少端上 8 个来。

少年植物学家们见了，都满意地笑了起来。

孙阿姨装模作样地对大家说："我提醒你们可不要嘴馋噢。菜做得不对，就别吃。"说着，把盛圆葱菜的盘子和西红柿菜的盘子端到了刀嘴李面前。说："这两个菜，对不对呀？""对，对！"刀嘴李边说边连连点头。

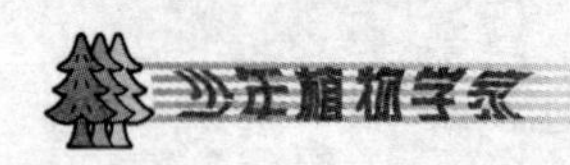

孙阿姨端起盛豆芽菜的盘子和盛藕的盘子放在胖子于面前；端起盛黄瓜菜的盘子和盛辣椒的盘子放在瘦子王面前；端起盛豆腐的盘子放在智星吴面前；最后端起盛煎鸡蛋的盘子放在女儿面前。问大家：“我做的菜对不对呀？”

“阿姨，对极了！”少年植物学家们齐声说道。

孙阿姨大笑起来，少年植物学家们猛嚼起来……

“丁零零……”电话响起，快手张拿起话筒：“喂，您好！哦，杨老师，有什么事吗？……好，我们马上去！”

快手张放下电话，说：“杨老师说，学校有一个重大实验项目让少年植物学家小组承担，让咱们回校接受任务去。”

“Yes！”少年植物学家们欢呼起来。